French General

French General by moda 新花色布料

La Vie Boheme 系列・聖誕玫瑰圖案

NO.02

NO.01

NO.01

ITEM | 星星布盤
作 法 | P.66

利用具有適當挺度 & 硬度的厚接著襯 Decovil，製作立體有型的星星布盤。隨手放置首飾 & 鑰匙等物品也不顯雜亂。

表布＝（13900-12）裡布＝（13907-19）※布料皆為平織布 by FRENCH GENERAL／moda Japan
接著襯＝硬挺型（JF-3）
單膠接著襯＝Decovil（AM-1D-1P）／日本vilene株式會社

NO.02

ITEM | 雙層波奇包S
作 法 | P.70

雖然是作法非常簡單的波奇包，但有兩層口袋，能清爽地收納零散小物。在此使用同款不同色的布料搭配製作。

表布A＝（13900-12）表布B＝（13900-14）裡布A＝（13904-15）裡布B＝（13904-12）※布料皆為平織布 by FRENCH GENERAL／moda Japan
接著襯＝接著襯布（AM-W4）／日本vilene株式會社

NO.03

NO.03

ITEM | 紅豆敷眼罩
作 法 | P.66

送給每日努力不懈的人與自己，可微波加溫的紅豆眼罩你覺得如何呢？請以緩緩散發的溫暖，平靜且溫柔地療癒疲憊的眼睛。

表布＝平織布 by FRENCH GENERAL（13900-12）／moda Japan

紅豆若以微波加熱過頭易導致破裂。請每次10秒，視狀況慢慢加熱。此外，連續使用也是造成豆子破裂的原因之一，因此建議每次使用後應間隔4至5小時，等待完全冷卻。

攝影＝回里純子　造型＝西森 萌　妝髮＝タニジュンコ　模特兒＝島野ソラ

French General
冬色手作

by 布物作家・くぼでらようこ

來自美國洛杉磯的人氣布品French General，
全新發表以「冬之藍」為主題，引人注目的特選圖案布。
一起來看看布物作家くぼでらようこ小姐，
提出的冬日手作設計提案吧！

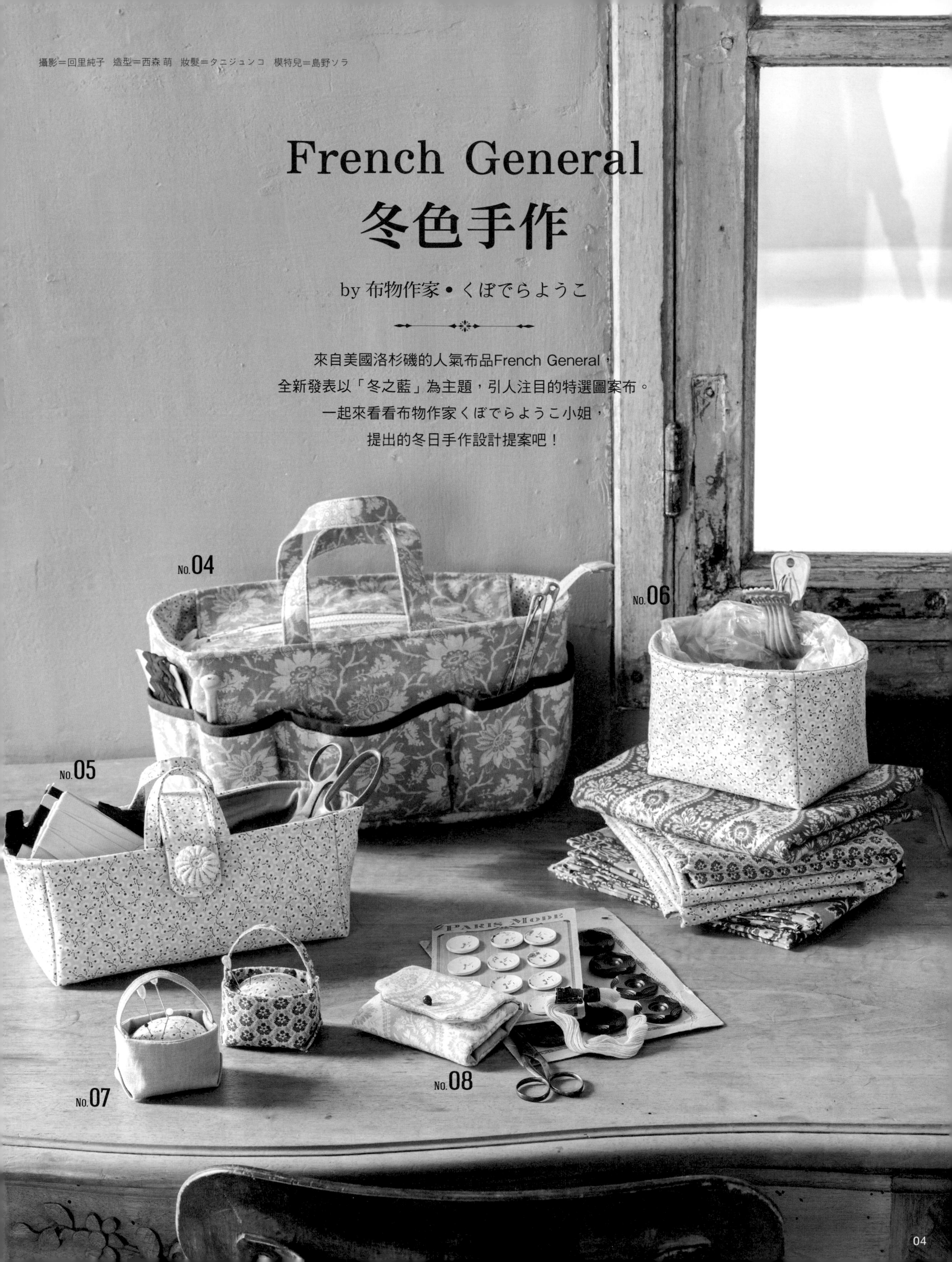

NO.04

NO.05

NO.06

NO.07

NO.08

NO.04 ITEM｜工具包
作法｜P.68

包口使用長30㎝的VISLON®拉鍊，可遮蓋內裡物品，讓人格外安心。

好用的橫向橢圓底布包。沿著布包四周接縫一圈的外口袋，適合暫時放置小工具＆材料等，相當推薦收納容易散亂的裁縫用品。

表布＝（13900-12L）裡布＝（13907-15）※布料皆為平織布 by FRENCH GENERAL／moda Japan
單膠鋪棉＝硬式（MKH-1）／日本vilene株式會社

NO.06 ITEM｜布盒
作法｜P.67

可放入No.4工具包中，作為隔層使用的布盒。くぼでら小姐在內部套入塑膠袋，當成線頭＆碎布片的集屑桶使用。

表布＝（13907-15） 裡布＝（13529-171）
※布料皆為平織布 by FRENCH GENERAL／moda Japan
單膠鋪棉＝硬式（MKH-1）／日本vilene株式會社

NO.05 ITEM｜包中包
作法｜P.69

宛如No.4的小內袋般，可放入包中的橫向小布包。縫上裝飾著手編包釦的鉤絆，可收合袋口防止袋型擴大。

表布＝（13907-15）裡布＝（13529-171）※布料皆為平織布 by FRENCH GENERAL／moda Japan
單膠鋪棉＝硬式（MKH-1）／日本vilene株式會社
鈕釦＝Snow Flower Button by YUMI INABA

NO.08 ITEM｜針線包
作法｜P.70

簡易三摺款的針線包。裁剪成扇貝狀的包蓋相當雅緻，內口袋則提供了收納縫線及穿線器等物品的功能性。

表布＝（13529-171） 裡布＝（13901-14）※布料皆為平織布 by FRENCH GENERAL／moda Japan
單膠鋪棉＝輕柔布包的接著棉襯 薄型（MK-BG80-1P）／日本vilene株式會社

NO.07 ITEM｜提籃型針插
作法｜P.67

手掌大小的可愛提籃型針插。內部塞滿大量羊毛，可防止針生鏽。由於是以製作布包時的餘布再利用，因此可嘗試各種色彩搭配組合。

左・表布＝（13529-171）
右・表布＝（13906-11）
左右共通・配布＝（13907-15）
※布料皆為平織布 by FRENCH GENERAL／moda Japan

NO.10

ITEM｜氣球束口包S（右）・M（左）
作法｜P.72

NO.09

ITEM｜三角波奇包
作法｜P.71

以圓底布接合8片袋身布。

只要裝入物品，就會像紙氣球般圓圓地膨起，顯得特別可愛。八片拼接的設計，搭配顏色＆圖案就能改變外觀的樂趣也很令人著迷。

右・表布a＝（13901-11）表布b＝（13900-18）表布c＝（13906-11）裡布＝（13529-170）左・表布a＝（13900-12）表布b＝（13901-14）表布c＝（13906-16）裡布＝（13529-171）※布料皆為平織布 by FRENCH GENERAL／moda Japan

如可麗餅般摺疊成三角形的可愛波奇包，尺寸正好可以放入首飾、耳機等物品。用來收納容易消失在針線盒中的頂針器這類小物也很方便。

右・表布＝（13901-11）裡布＝（13529-170）左・表布＝（13901-14）裡布＝（13529-171）※布料皆為平織布 by FRENCH GENERAL／moda Japan
單膠鋪棉＝輕柔布包的接著棉襯 薄型（MK-BG80-1P）／日本vilene株式會社

NO.12

ITEM｜束口袋
作法｜P.74

NO.11

ITEM｜圓底拉鍊波奇包
作法｜P.73

使用長度20cm的拉鍊

くぼでら小姐以推薦成熟大人攜帶的束口袋為主題，設計了此作品。由於是有裡布的豪華款式，因此存在感強烈。穿繩通道使用的羅紋織帶，則是跳色搭配的細節亮點。

表布＝（13902-13）裡布＝（13529-171）※布料皆為平織布 by FRENCH GENERAL／moda Japan

重點是在橢圓形底部大量抽皺褶。

以輕柔蓬鬆的形狀呈現優雅美感的波奇包。在拉鍊兩側縫上荷葉邊，相當別緻且獨特。因為收納容量充足，也很推薦旅行時使用。

表布＝（13903-14）裡布＝（13529-171）※布料皆為平織布 by FRENCH GENERAL／moda Japan
單膠鋪棉＝輕柔布包的接著棉襯 薄型（MK-BG80-1P）／日本vilene株式會社

PROFILE

布物作家_くぼでらようこ
@dekobokoubou

在一如往常的美麗花朵圖案中，加入了高雅的冬之藍，FRENCH GENERAL展現出了不同於以往的新魅力。即使同樣的花紋，也會因紅色或藍色改變風貌，因此讓人想要以不同色來製作。盡情地選自己喜好的色系開心製作吧！

Winter Edition
2021-2022 vol.55

CONTENTS

封面攝影　回里純子
藝術指導　みうらしゅう子

沉浸在季節樂趣的手作

No.40
P.35・掀蓋式領帶波奇包
作法｜P.95

No.37
P.33・方型波奇包
作法｜P.93

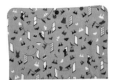

No.36
P.33・雙層波奇包 S・M・L
作法｜P.70

No.35
P.32・彈片口金波奇包
作法｜P.93

No.59
P.57・輕便錢包
作法｜P.111

No.58
P.57・零錢包
作法｜P.89

No.51
P.50・狐狸卡片套
作法｜P.99

No.47
P.43・燙衣墊收納袋
作法｜P.96

No.42
P.35・領帶眼鏡收納包
作法｜P.94

No.41
P.35・領帶波奇包
作法｜P.94

No.06
P.05・布盒
作法｜P.67

No.03
P.03・紅豆敷眼罩
作法｜P.66

No.01
P.03・星星布盤
作法｜P.66

No.63
P.58・面紙套
作法｜P.109

No.61
P.57・L型拉鍊短夾
作法｜P.107

No.60
P.57・風琴褶錢包
作法｜P.106

No.38
P.34・領帶置物墊
作法｜P.91

No.22
P.17・餐墊
作法｜P.71

No.18
P.15・隔熱墊
作法｜P.76

No.15
P.13・隨身面紙套
作法｜P.78

No.13
P.12・杯墊
作法｜P.71

No.07
P.05・提籃型針插
作法｜P.67

No.48
P.43・燙衣墊
作法｜P.96

No.46
P.39・鶴手鞠（原色）
作法｜P.40

No.45
P.39・鶴手鞠（核桃色）
作法｜P.40

No.44
P.36・花與種子（淺紫色）
作法｜P.36

No.43
P.36・花與種子（黃色）
作法｜P.36

No.39
P.34・領帶髮帶
作法｜P.95

No.62
P.58・羅紋袖口罩衫式圍裙
作法｜P.110

No.57
P.55・招福羽子板壁飾
作法｜P.104

No.56
P.53・兔子造型雛人偶（天皇•皇后）
作法｜P.102

No.54
P.52・小老虎包袱巾
作法｜P.108

No.52
P.51・星星布盤
作法｜P.66

深入研究「車縫」

你是否喜歡手作，但直到目前為止卻一直都是以自己的方式在製作呢？

例如進行手作最基本的「車縫」時：

「雖然不是很確定，大概就是這種感覺吧！」一邊這樣想，一邊噠噠噠地車縫，就作出作品了……

當然這樣也能應付部分需求，但如果能知道「正確車縫方式&竅門」，或許就能完成更漂亮的作品。

因此，試著更進一步，一起深入探討「車縫」的訣竅吧！

要如何
進行起縫？

該怎麼筆直地
車縫直線？

不擅長
車縫曲線……

大幅度的曲線
更令人害怕！

邊角總是縫得
不漂亮……

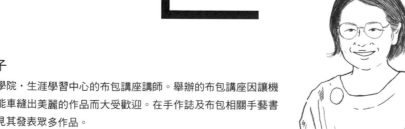

指導老師…

冨山朋子

文化服裝學院・生涯學習中心的布包講座講師。舉辦的布包講座因讓機縫生手也能車縫出美麗的作品而大受歡迎。在手作誌及布包相關手藝書籍中，可見其發表眾多作品。

@popozakka

攝影＝回里純子　造型＝西森萌　妝髮＝タニジュンコ　模特兒＝島野ソラ

1. 直線車縫的訣竅

請教我！冨山老師

總而言之就是要大量使用縫紉機，熟練直線車縫。剛開始時，想要車縫工整是極度困難的。若對於一定要車得很直這件事過度執著，車縫就會變得很痛苦，因此「稍微有點歪也沒關係」──這樣就很好了！

正確的持布方式

雙手在靠身體側＆側邊（車針旁）輕扶布料。

不要勉強拉扯布料。

漂亮起縫的訣竅

左手輕壓線頭進行起縫，車縫時就不會纏繞背面線。

注意縫份寬度！

至今為止，你慣用的縫份是幾cm？決定好車針到布邊距離的縫份寬度後，布邊放在目前使用縫紉機的哪個位置較好呢？依縫份寬度決定好對齊位置後再車縫，就能筆直地車縫。

對齊針板的方法

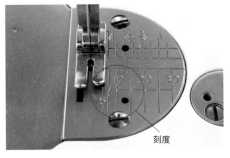

刻度

將布邊對準縫紉機針板上的刻度線進行車縫。若是車針位置無法左右變換的款式，刻度上的數字就是與針的距離（縫份寬）。

推薦作法！

磁鐵定規

紙膠帶

將輔助物貼在針板上，更容易對齊布邊。

⚠注

對齊壓腳邊緣的方法

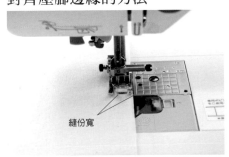

縫份寬

使用可左右變換車針位置的家用縫份機時，移動車針位置，讓車針到壓腳邊緣符合縫份寬度即可。有些壓腳本身也具有刻度。

取1cm縫份直線車縫

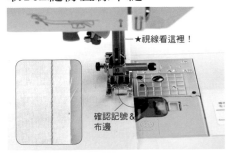

★視線看這裡！

確認記號＆布邊

將布邊對齊距離車針1cm處（上圖為壓腳邊緣）。以「正確的持布方式」扶著布，視線並非放在車針上，而是一邊確認車針旁的布邊是否有沿著記號，一邊看著車縫的前進方向。

進行端車縫

車縫距離布邊0.2cm的位置，稱作「端車縫」。找到距離車針0.2cm處（上圖為壓腳所在的刻度），將布邊對齊車縫。

車縫 2 道線

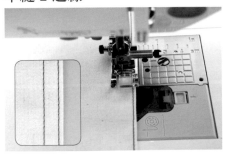

決定好第1道縫線對齊的位置（上圖為壓腳邊緣），對齊縫線進行車縫。

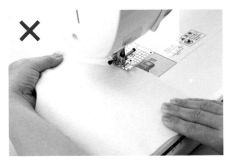

NO.**13** ITEM｜杯墊
作 法｜P.71

雖然是四角形的簡單杯墊，但只要縫線工整，就能提昇質感。加上皮標點綴更加分！

想練習直線車縫、直角車縫，
首推這件作品。

NO.**14** ITEM｜拉鍊波奇包
（側身打角）
作 法｜P.75

有內裡的基本款拉鍊波奇包。裝飾壓線並非只有1道，而是藉由車縫2、3道，來分散對稍微車彎處的注意力。

統一壓線與拉鍊的顏色，
作出有設計感的配色效果。

NO.15　ITEM｜隨身面紙套
作 法｜P.78

熟練直線車縫後，試著進階挑戰車縫皮革，製作兩側以皮革包捲的簡易面紙套。起縫處請特別注意，避免縫線亂跑。

由於皮革一經車縫就會留下針孔，
務必謹慎進行！

NO.16　ITEM｜午餐托特包
作 法｜P.76

無裡布的托特包。使用帆布等織紋較粗的布料時，只要跨過一條纖維，壓線的彎度就很明顯；因為要求完美而無法完成時，不如想想，車線稍微有點歪也不致於影響成品，因此請無需太在意地車縫看看吧！

2. 車縫曲線的訣竅

請教我！冨山老師

在車縫曲線時，無論是持布方式、縫份的寬度設定，還是車縫時的視線等，需要注意的地方都和直線車縫相同。不要著急，試著加入以錐子按壓縫份，慢慢地送布車縫的技巧吧！

平緩曲線的車縫訣竅

1

縫份寬度的設定＆視線都與直線相同。如圖所示手扶布料，呈現一邊轉動布料一邊車縫的感覺。

2

若是在壓腳前的縫份開始跑掉，就旋轉布料。

3

在針刺入布料的狀態停止縫紉機，抬起壓腳＆旋轉布料。

急轉曲線的車縫訣竅

1

車縫曲線至靠近面前時，先抬起壓腳，旋轉布料。

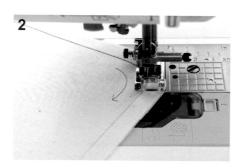

2

與和緩曲線作法相同，若是縫份在壓腳前方開始位移，就需旋轉布料。不易連續車縫時，請耐心地一針一針進行。

3

如上圖般以錐子壓住縫份車縫，就能車縫出不歪斜的漂亮成品。

錐子

縫合直線＆曲線的訣竅

曲線側（背面）
直線側（背面）

1

曲線側（背面）

合印記號

直線側（背面）

作合印記號。

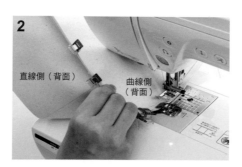

2

直線側（背面）　曲線側（背面）

對齊合印記號，以強力夾固定。車縫時曲線側在上，進行縫合。

3

將左手置於曲線部分，撐起曲線側的布料車縫，就能車縫出工整的縫線。

No.17 | ITEM | 圓形包
作　法 | P.77

尚未熟練車縫曲線時，建議先縫製這
種和緩曲線的包款。
渾圓可愛的袋型，也是能為外出打扮
增添風格感的單品。

No.19 | ITEM | 拉鍊波奇包
（側身圓角）
作　法 | P.75

與No.14拉鍊波奇包同款，但在側身
車縫尖褶，將邊角作出弧度的設計。
由於是尺寸好用的波奇包，不如多
作幾個備用，或許還能就此熟練「車
縫」技巧。

No.18 | ITEM | 隔熱墊
作　法 | P.76

能成為餐桌上的焦點，內有鋪棉
的漂亮圓形隔熱墊。若還不熟練
車縫，就以錐子輔助送布，一針
針慢慢地車縫吧！

3. 車縫邊角的訣竅

車縫時，意外重要的細節或許就是「邊角」。在轉換車縫方向時，針要確實下降才轉換方向；雖然這步驟說來理所當然，但只要再稍微注意，就能縫出漂亮的邊角。

直角的車縫方法

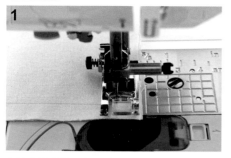

1

在邊角記號的1針前先暫時停止，使用上下按鈕或手輪，再往前車縫1針。

2

車縫至邊角位置後，在降下車針的狀態抬起壓腳。

3

旋轉布料，車縫另一邊。

四角形底部的接縫方法

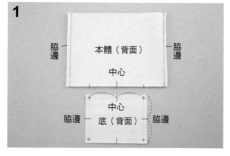

1

畫上合印記號。

邊角摺疊成三角形

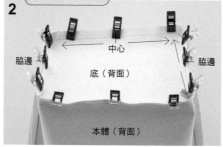

2

對齊底部與本體的中心·脇邊，以強力夾從中心往邊角夾住固定。底部邊角如圖所示摺疊成三角形。

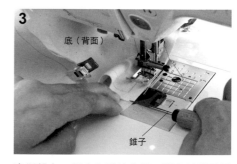

3

底側朝上，從中心開始車縫。邊角以錐子壓住，並車縫至邊角前一針。

4

另一側也從中心車縫至邊角前一針。

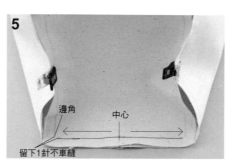

5

完成單邊的車縫，再以相同方式車縫對向邊。

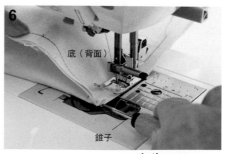

6

其餘兩邊也從中心開始車縫。並將底部邊角摺疊成三角形，以錐子壓住，車縫至邊角前1針。

point!

留下1針不車縫

3.車縫邊角的訣竅

NO.**20** | ITEM｜工具袋
作　法｜P.83

適合用來練習直線車縫＆邊角
車縫的工具袋。熟練之後，
推薦將縫線大膽換成醒目
色，可作出很好的裝飾效
果。

也可當成工具立架使用。

NO.**22** | ITEM｜餐墊
作　法｜P.71

若能掌握直線車縫＆邊角車縫這兩種技巧，
美麗的餐墊必能手到擒來。建議使用No.13
杯墊相同的布料來製作成套組。

NO.**21** | ITEM｜購物托特包
作　法｜P.78

適合日常購物尺寸的托特包。在
提把與底部轉換成素色搭配，調
合整體的收放感。

利用皮革邊角料製作重點裝飾皮標。
車縫時也要注意邊角細節喔！

攝影＝回里純子　造型＝西森 萌

鎌倉SWANY × Best of Morris
布包＆波奇包

人氣布料店·鎌倉SWANY這個冬天想要推薦的是使用Best of Morris印花布製作的布包。

雅緻的圖案＆色調，都很適合大人風的外出搭配。

NO.23

ITEM｜球型鋁框口金包

作　法｜P.79

球型鋁框口金包
作法影片看這裡

https://youtu.be/
KmiYTv5Ecx8

將Best of Morris最受歡的Strawberry Thief（草莓小偷）印花布配置於正面，再縫上真皮提把增添高級感。

左·表布＝牛津布 by Best of Morris（M161-2）

右·表布＝牛津布 by Best of Morris（M161-1）

／鎌倉SWANY

NO.24

ITEM｜梯型托特包
作　法｜P.81

以醫生包般的梯型外觀引人注目的托特包。不僅作法簡單、具有大容量，因為置入了底板，穩定性也相當優異。

左・表布＝牛津布 by Best of Morris（M162-1）
右・表布＝牛津布 by Best of Morris（M162-3）
／鎌倉SWANY

梯型托特包
作法影片看這裡

https://youtu.be/
MXNTI5G9QrQ

側口袋托特包
作法影片看這裡

https://youtu.be/
NkctvXn-aZk

NO.25

ITEM｜側口袋托特包
作　法｜P.90

尺寸正好可以放入《COTTON FRIEND
手作誌》的托特方包。側口袋還能收納摺
傘或水瓶。

左右包款・表布＝牛津布 by Best of Morris／鎌倉
SWANY

方底波奇包
作法影片看這裡

https://youtu.be/
9uXt9T-mjm8

NO.26

ITEM｜方底波奇包
作　法｜P.85

使用Best of Morris防水布製作的拉鍊波
奇包，是無裡布的一片式布包。但側身足
有13cm，收納力也不容小覷。

左・表布＝PVC壓膜消光平織布 by Best of Morris
（D0483-3）
右・表布＝PVC壓膜消光平織布 by Best of Morris
（D0483-2）
中・表布＝PVC壓膜消光平織布 by Best of Morris
（D0483-1）／鎌倉SWANY

NO.27

ITEM｜口金隨身包
作　法｜P.80

使用方形口金的波奇包。將外口袋上的D
型環勾上市售肩背帶，也能當作斜背小包
使用，方便隨身攜帶錢包、鑰匙等貴重物
品。

左・表布＝牛津布 by Best of Morris（M174-2）
右・表布＝牛津布 by Best of Morris（M174-3）
／鎌倉SWANY

口金隨身包
作法影片看這裡

https://youtu.be/
Ku8bK3YegH0

駕馭手縫技巧！

隨著車縫變得頻繁，手縫機會相對越來越少？
不如在此重新掌握至今為止不經意進行的手縫基礎，以更進階的手作為目標吧！

手縫線

手縫線／皆為（株）FUJIX

將手縫時不易扭轉、好縫製的「手縫線」，與兼具鈕釦縫合強度與縫製流暢度的「鈕釦縫線」依用途進行區分使用吧！
化纖線：不易起毛，洗滌時不易縮水。／木棉線：具有穩定的滑順度，容易縫製。

化纖線

化纖線

化纖線

木棉線
#數字越大，線越細。

King hi-spun鈕釦縫線 #20	Schappe Spun手縫線 #50	Pice #60	棉質手縫線 #30

#20 用於手縫厚布＆縫上鈕釦等。

#60至#30用於浴衣＆布小物等物品的正式縫製，以及挑縫等。

手縫針

針／皆為Clover（株）

手縫針分為和針＆美式針。從前「和針＝日式裁縫用」、「美式針＝西式裁縫用」，但近年來已無太大差異。
依粗細與長度，選擇方便使用的種類即可。

美式針

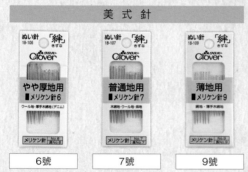

6號	7號	9號

針的粗細：1至12號…數字越大越細。
針的長度：分為短針、長針兩種。

和針

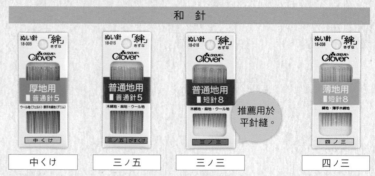

推薦用於平針縫。

中くけ	三ノ五	三ノ三	四ノ三

針的粗細：數字越大越細。　四…絹布、薄布用。　三…木棉布、普通布料用。
針的長度：一至五…數字越大越長。　此外，尚有其他縫製用途的舊名針款。

關於針的保存

當針穿透性變差時	縫針的替換時機	針插

馬卡龍針枕＆磨針器
Clover（株）

針經反覆使用，穿透性就會逐漸變差，而磨針器等工具可增加針的滑順度。
使用時，將針刺入磨針器當中，研磨針尖。

生鏽、彎曲的針就要淘汰。

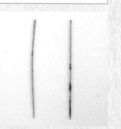

為了避免縫針生鏽，針插內容物要選擇羊毛、矽絨羽棉等不易生鏽的素材。填充棉（化纖棉）容易使針生鏽，因此要多加注意。

便利工具

頂針器

若熟練頂針器的使用就能事半功倍。將頂針用皮革（皮片），裁切成剛好纏繞中指第2關節1圈的長度，將邊角剪圓後，以皮革絨毛側為正面，止縫固定。

穿線器

手縫時的難關之一，就是將線穿過針孔。覺得吃力時，有一個可以輕鬆將線穿入針孔的工具就太好了！

穿線片／Clover（株）　桌上型自動穿線器／Clover（株）

手縫基礎

珠針的固定方法	縫線長度	持針方式	頂針器的裝戴方法

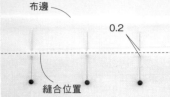

布邊
0.2
縫合位置

手縫時，從布料內側朝布邊插針，並於縫合位置挑布約0.2cm。

針
15cm

持針時，取至手肘下方15cm的長度。若線太長，就難以縫製，線也容易損傷，因此要取適當長度。

以拇指&食指持針，將頂針器靠在縫針後側。

頂針器

頂針器套入右手中指的第二關節。

看影片確認！

縫法基礎（平針縫）　https://youtu.be/qPzXrkr0e8k

0.5
線結

④起針結完成。線頭過長時，請修剪至0.5cm左右。

③以拇指壓住繞線處，拔針。

纏繞2至3圈

②以拇指壓住線頭&針，線繞針2至3圈，接著下推線圈。

起針結

線頭

①將線穿過針孔。線頭置於食指，並疊放上縫針。

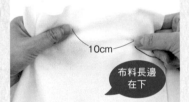

拔針方式

使用頂針器

以頂針器從後方推針，拔出縫針。

持布方式

10cm

布料長邊在下

參考上方的「持針方式」，以右手持針。布料長邊在下，左手抓著剩餘布料，雙手間隔10cm拿著布料。

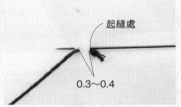

回針縫

②此步驟稱之為回針縫。縫線不易脫落，相當牢靠。

起縫

起縫處

0.3～0.4

①從起縫處以0.3至0.4cm縫1針後，再次挑縫相同位置。

【平針縫】

0.3～0.4
0.3～0.4
（正面）

（背面）

正面&背面皆呈現相同的針目。

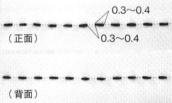

順平縫線

縫合完畢之後拔針，以拇指&食指指腹，夾住縫線往左側順平，進行消除布料皺褶的「順平縫線」。

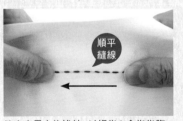

以相同的角度與力道縫製，就能縫出針目一致的漂亮縫線。

②左手將布拉往自己的方向，拇指壓住針，從布料背面出針。交互重複步驟①、②，進行平針縫。

平針縫的方法

①左手將布料移往遠側，以右手食指壓住針，布料正面出針。針呈直角刺入布料。

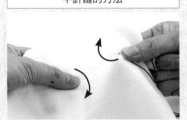

打線結。
0.5
回針縫

④線結完成，修剪線頭至0.5cm。

③左手拇指壓住繞線，拔針。

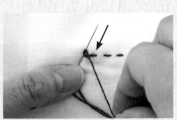

②將線往下拉。

收針結

纏繞2至3圈。
終縫處

①縫合完畢，以起縫相同的方式進行回針縫。並將針壓在終縫處邊緣，線繞針2至3圈。

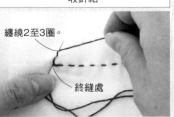

隱藏起針結、收針結的方式　避免起針結&收針結在正面露出，是漂亮縫製的訣竅之一。

②拉縫線，讓線結隱藏於內部。並將線從快要露出於正面的位置剪斷。

收針結　線結

①在終縫處打線結後，從裡側入針，在稍微遠離的位置於正面出針。

②拉縫線，將線結收入裡側。

三摺邊等狀況

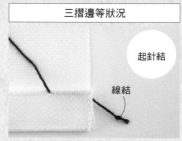

起針結　線結

①針從布料裡側入針。

②再次將針刺入縫目間，並在稍微遠離處於正面側出線，剪斷多餘的線。

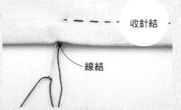

收針結　線結

①在接近終縫處的縫目間出針，並打線結。

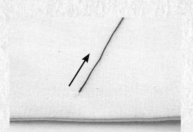

②拉縫線，讓線結收入內部。

想要隱藏在縫目裡時

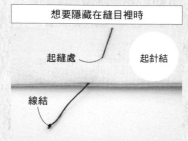

起縫處　起針結　線結

①將針刺入縫目間，在起縫處出線。

手縫的主要針法

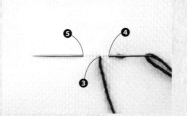

③重複回1針長度（❹），並在前方2針（❺）處出針的動作。

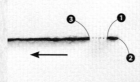

②拉縫線。

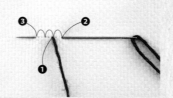

①從背面側起縫處（❶）出針，回1針長度（❷），在前方2針處（❸）出針。

牢固的縫法

【半回針縫】

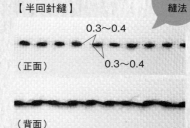

0.3～0.4
0.3～0.4
（正面）

（背面）

回1針的縫法，正面縫線如同平針縫。

③回1針長度（❶的縫目）至❹，並在前方1針處（❺）出針。重複此動作。

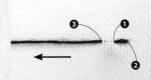

②拉縫線。

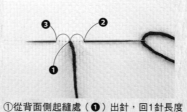

①從背面側起縫處（❶）出針，回1針長度（❷），再在前進1針處（❸）出針。

比半回針縫更加牢固的縫法

【全回針縫】

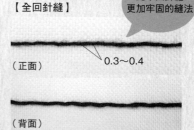

0.3～0.4
（正面）

（背面）

回1針的縫法，正面縫線如同車縫線般。

（背面）

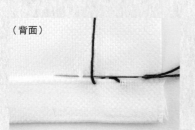

③重複步驟①、②。

（背面）

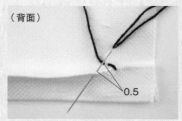

②挑縫前方0.5cm的摺線。

（背面）

0.1

0.5

①從背面側的摺線出針，並於前方0.5cm挑縫本體約0.1cm左右。

適用於止縫三摺邊等

【挑縫】

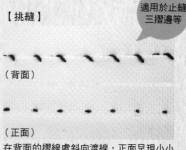

（背面）

（正面）

在背面的摺線處斜向渡線，正面呈現小小的針目。

③重複步驟②。

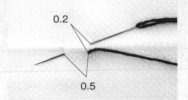

0.2
0.5

②從❶的正上方,斜向挑縫本體,並於① 左側0.5cm出針。

摺邊
0.2

①在內側的摺邊下方0.2cm處出針。

【立針縫】
（正面）
（背面）

適用於縫合 貼布繡等

沿摺邊垂直渡線,牢牢地緊密縫合。

（正面）

③拉線。完成縫合2片布料,且外側看不 見縫線!

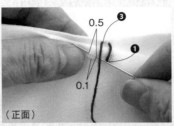

0.5
❸
❶
0.1

（正面）

②在❸正下方、❶相同位置,不露出表面 地挑縫0.5cm。繼續以相同方式在布料 之間垂直渡線交互縫合。

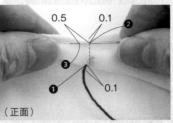

0.5
0.1
❷
❸
❶
0.1

（正面）

①對齊兩片布料摺邊,在內側的摺邊下方 0.1cm(❶)出針。並在相同位置的摺 邊下方0.1cm(❷),不露出正面地朝 左挑縫0.5cm(❸)。

【暗針縫】
（正面）

適用於縫合 2片重疊的 布料摺邊

縫線不會外露的縫法。

（正面）

③在布料之間筆直渡線、交互挑縫摺邊, 並拉線。

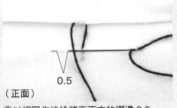

（正面）
0.5

②以相同作法挑縫正下方的摺邊 0.5 cm。

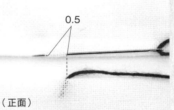

0.5

（正面）

①從內側摺邊出針,在出針處的正上方挑 縫摺邊 0.5 cm。

【藏針縫】
（正面）

適用於 閉合 返口等

在布料之間以如注音ㄈ字般地渡線縫合。 是正面看不見縫線的縫法。

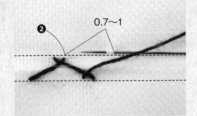

❷
0.7~1

③在距離❷0.7至1cm的位置,以❷相同高 度從右到左挑縫本體約0.2cm。重複步 驟②、③。

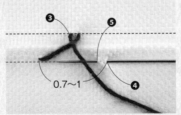

❸
❺
0.7~1
❹

②在距離❶0.7至1cm處,以步驟①相同高 度,不外露於正面,從右到左挑

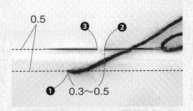

0.5
❸
❷
❶
0.3~0.5

①從左到右運針。在內側摺邊下方0.3cm 拉出縫線後,從右到左挑縫本體約0.2 cm。

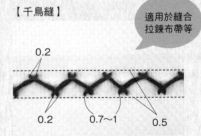

【千鳥縫】
0.2
0.2
0.7~1
0.5

適用於縫合 拉鍊布帶等

使縫線呈斜向交叉的回針縫方式。

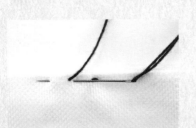

③ 重複步驟②。

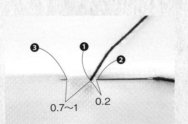

❸
❶
❷
0.7~1
0.2

②以約0.2cm的小針目回針縫,並取0.7至 1cm的針距出針。此時連同縫份&接著 襯一起挑縫,並避免縫合時在正面出 針。

①從內側出針。

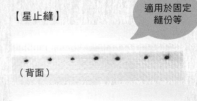

【星止縫】
（背面）
（正面）

適用於固定 縫份等

以小針目回針縫,不在正面露出縫線的縫 法。

赤峰清香的
布包物語

以閱讀及欣賞電影作為興趣，並用來轉換心情的布包作家赤峰清香老師，將在每一期伴隨親筆寫下的感想文，向大家介紹想要推薦的書籍或電影，並製作取其內容為創作意向的設計包款。請和介紹的書籍一同享受企劃主題「布包物語」。

攝影＝回里純子　造型＝西森萌
妝髮＝タニジュンコ　模特兒＝島野ソラ

M尺寸

S尺寸

從收束的袋口拉出毛線，當成編織專用包！帶有動態感的褶襉外口袋，可收納材料工具等小物。

方便的內口袋也不能少！

兩種尺寸，可依用途挑選製作。

NO.28

ITEM｜束口工具包M・S
作 法｜P.82

正符合秋冬季節感的溫暖配色布包。由於作有束口，無法看見內容物這點相當優秀。作為編織或縫紉專用包、文具或化妝品收納包，或當成餐袋……用法多元又實用！

〔M尺寸〕表布＝上棉8號帆布pallet系列 by Navy Blue Closet × 倉敷帆布（raspberry check）／倉敷帆布株式會社／裡布＝棉厚織79號（＃3300-33・墨色）富士金梅®（川島商事株式會社）

〔S尺寸〕表布＝上棉8號帆布pallet系列 by Navy Blue Closet × 倉敷帆布（navy check）／倉敷帆布株式會社／裡布＝棉厚織79號（＃3300-10・bottle green）富士金梅®（川島商事株式會社）

※中譯《暖和手套國》。

《ミ・ト・ン》 小川 糸◎著 幻冬社文庫發行

去年過年因疫情無法回鄉下老家，整天無所事事地窩在沙發上，但購買了書籍和雜誌，難得地能夠專心享受閱讀時光。本次要介紹的就是當時閱讀的書——受到美麗封面吸引而購入的《ミトン》。

這本書給人成人繪本的印象。不但有著大量插畫，也有如童話般柔和的敘事語調。在被可愛插繪療癒的同時，不知不覺就輕快地讀完了。這是描述主角瑪莉卡從出生到靜靜地前往天國為止都伴隨著手套，細緻且溫暖動人的故事。瑪莉卡珍惜著自然的恩典，謙卑充實地度過每一天；即使與愛人別離，依然心懷感激，帶著笑容地持續編織手套認真生活的樣貌，尤其讓人感受到瑪莉卡的堅強與美麗。當一邊盼望著奇蹟出現，一邊翻著書頁直到最後，到底會有什麼樣的結局在等著我們呢？

書末也收錄了作為瑪莉卡國象、路普麥吉共和國原形的拉脫維亞的圖文遊記。看著由非常吸引人的插畫與照片共同妝點的遊記，讓人不禁想著「總有一天也要去一趟拉脫維亞」！

充滿著溫柔與愛的《ミトン》，是非常適合寒冬之中在暖暖的室內閱讀的一本書，推薦給尋求暖心觸動的你。

而我由此書聯想到的，是可置入毛線、棒針等編織用品，適身帶著走的包款。為了避免毛線掉出來，袋口選用束口布設計，以適合寒冬的蘇格蘭格紋帆布製作；並配合瑪莉卡誕生的聖誕節時期，選用了紅綠色系的聖誕配色。

束口工具包

袋口為束口式棉厚織79號

★含裡布・內口袋 棉厚織79號
★圓圈內的數字為S尺寸

上棉8號帆布 checks

外口袋（有褶襉）上棉8號帆布 checks

橢圓底

19cm ⑭⑤
15cm ⑫ 32cm ㉘

---

profile 赤峰清香

文化女子大學服裝學科畢業。於VOGUE學園東京、橫濱校以講師的身分活動。近期著作《仕立て方が身に付く手作りバッグ練習帖（暫譯：學會縫法 手作包練習帖）》Boutique社出版，內附能直接剪下使用的原寸紙型，因豐富的步驟圖解讓人容易理解而大受好評。

http://www.akamine-sayaka.com/
@sayakaakaminestyle

讓人著迷的 SAORI 織

能以當天的喜好選擇紗線，依心情動手編織的SAORI織，是布包作家・赤峰小姐一直想要嘗試看看的手工藝；在九月末前往東京千駄ヶ谷的教室進行體驗後，也完全愛上了它。紡織機的使用乍看之下似乎很難，但卻是連小朋友也會用的簡單結構，這便是SAORI織的魅力。「穿過梭子，來回踩著踏板，咚！」重複這樣的動作，就逐漸織出鮮豔美麗的布料了。赤峰小姐感動地表示：「在紡織過程中，腦袋一片空白。SAORI織或許是究極的療癒！竟然有這樣有趣的手工紡織！」大家也請務必挑戰看看。

〔左〕表布＝10號帆布石蠟加工（1050-15・黑） 配布B＝11號帆布（5000-18・綠色）裡布＝棉厚織79號（3300-09・silver gray）／富士金梅®（川島商事株式會社）
〔右〕表布＝10號帆布石蠟加工（1050-8・灰） 配布B＝11號帆布（5000-86・Italian red） 配布C＝11號帆布（5000-71・Oxford Blue） 裡布＝棉厚織79號（3300-09・silver gray）／富士金梅®（川島商事株式會社）
〔左右共通〕磁釦＝薄型磁釦18mm（SUN14-109・AG）／清原株式會社

SHOP 手織適塾 SAORI 東京

NO.29 ITEM｜SAORI織布托特包
作 法｜P.84

配置於口袋處的SAORI織布，是赤峰小姐自己完成的紡織品。運用約耗時一小時編織而成的布，製作出帶有手感溫度，方便使用的托特包。

Kurai Miyoha

簡約就是最好！

Simple is Best!

創作家Kurai Miyoha的連載單元「Simple is Best！簡約就是最好！」

將陸續提出以Miyoha的視角來看，

可稱得上「這就是最好」的作法、素材及工具。

第7回是使用了鋁框口金的冬季款背包。

攝影＝回里純子　造型＝西森萌　妝髮＝タニジュンコ　模特兒＝島野ソラ

No.30

ITEM｜羊羔絨鋁框口金肩背包
作 法｜P.87

使用玩偶般蓬鬆的柔軟羊羔布，製作時尚感的肩背包，為冬季穿搭增添季節感＆亮點吧！寬幅的側身，發揮了超乎外觀的收納力。

口金＝鋁框口金・方形21cm（BM05-91）／清原株式會社

大大開啟的鋁框口金，是戴著手套也能輕鬆開闔的優秀設計。內裡使用緞布呈現出高雅質感。

profile

Kurai Miyoha

畢業於文化學園大學。在裁縫設計師的母親Kurai Muki的帶領之下，自幼就非常熟悉裁縫世界。畢業後，作為「KURAI・MUKI・ATRLIER」的（倉井美由紀工作室）的工作人員開始活動。貫徹KURAI MUKI流派「輕鬆縫製，享受時尚」的縫製精神，並作為母親的好幫手擔任縫紉教室講師、版型師、創作家，過著忙碌的生活。

https://shop-kurai-muki.ocnk.net/
🔗 kurai_muki

好時尚！

冬季羊毛包

冬天外出時，背上溫暖手感的羊毛包如何呢？
本次將介紹在容易變得樸素的冬季穿搭中，
能成為亮點的三款設計。

NO.31 ITEM｜掀蓋肩背包
作法｜P.86

以進口格紋毛呢布製作包體，加上合成皮
掀蓋上的插釦引人注目的肩背包。穿過日
型環的肩背帶可調整長度，因此可依當天
心情自由變化。

含問號鉤合成皮肩背帶＝合成皮肩背帶型提把
（YAS-2114#870・焦茶）

書包釦（AK56-1）

附皮片D型環＝配件2入（BA-11-
20 #870・焦茶）／INAZUMA
（植村株式會社）

攝影＝回里純子 造型＝西森萌 妝髮＝タニジュンコ 模特兒＝島野ソラ

接縫於包側身的附問號鉤肩背帶，
是進階款布包不可欠缺的配件。

NO.32 ITEM | 支架口金後背包
作 法 | P.88

結合了男性風格的毛呢格紋＆合成皮的城市後背包。外口袋與包底統一使用合成皮，呈現出整體感。

彈簧壓釦13mm＝（SUN18-23・AG）
D型環30mm＝（SUN10-103・AG）
日型環30mm＝（SUN13-139・AG）
支架口金＝約24cm×8.5cm（BM05-84）
／清原株式會社

背包口拉鍊處裝有支架口金。可大大展開，方便物品出入。

背包兩側的口袋可裝入寶特瓶或自己的水壺，還有摺傘。

NO.33 ITEM | 雙層托特包
作 法 | P.91

以綠色合成皮提把作為視覺重點的扁平托特包。提把在車縫完成的狀態下是43cm左右的好用長度，布包本體則是可輕鬆裝入《Cotton Friend手作誌》的尺寸。

提把＝強化合成皮麂皮手提式提把（SS5001 #12・light green）／INAZUMA（植村株式會社）

分隔成兩個包口（若算入中央口袋，共有三個），可分類收納文件等隨身物品。

攝影=回里純子 造型=西森 萌

內心・雀躍・可愛感

Le Petite Bonheur Collection
布小物

目前居住於倫敦的設計師Yo Hosoyamada所描繪的歡樂日常景色，變身為布料上市了。有平織布＆防水布兩種，可根據作品包款的用途來選擇。

NO.**34**

NO.**35**

NO.**34** ITEM｜束口包
作法｜P.92

可以肩背的稍大尺寸束口包。是帶有內裡的簡單款式，以素色或直條紋的配布剪接，突顯印花。

左・表布＝平織布 by Le Petite Bonheur Collection（雨天倫敦／21-007・B）
右・表布＝平織布 by Le Petite Bonheur Collection（遊樂園／21-0015・A）
／株式會社東京交易

NO.**35** ITEM｜彈片口金波奇包
作法｜P.93

無裡布，僅以一片防水布製作的彈片口金波奇包。優點在於只要一壓袋口便會打開，取放物品都很輕鬆。

上・表布＝防水布 by Le Petite Bonheur Collection（採果趣／21-0016L・A）
下・表布＝防水布 by Le Petite Bonheur Collection（採果趣／21-0016L・B）
／株式會社東京交易

32

NO.36
ITEM｜雙層波奇包S・M・L
作 法｜P.70

簡易作法的波奇包，多作幾個不同尺寸備
用，需要時就會很方便。可作為旅行用內
衣收納袋，或用來分類文件或收據。

左・表布＝平織布 by Le Petite Bonheur
Collection（女性內衣／21-0019・C）
中・表布＝平織布 by Le Petite Bonheur
Collection（遊樂園／21-0015・B）
右・表布＝平織布 by Le Petite Bonheur
Collection（採果趣／21-0016・A）
／株式會社東京交易

NO.37
ITEM｜方型波奇包
作 法｜P.93

使用一片防水布就可製作的拉鍊波奇包。
側身寬達6cm，兼具穩定性及大容量。無
需處理布邊，是拉鍊接縫生手也容易挑戰
成功的作品。

左・表布＝防水布 by Le Petite Bonheur
Collection（女性內衣／21-0019L・A）
右・表布＝防水布 by Le Petite Bonheur
Collection（女性內衣／21-0019L・C）
／株式會社東京交易

實踐良知生活的 手作提案

何不將重視物品&其背後製造流程的「良知消費」，納入手作中呢？這次的焦點將放在閒置的領帶上，以手作的力量賦予其新生命。

攝影＝回里純子・腰塚良彥（人物）　造型＝西森萌

由於領帶的用料品質高，幾乎不太容易破損，因此常是捨不得丟棄的物品之一。若將其剪開，意外地有充分的寬度呢！無論顏色、圖案都很豐富，可製作出獨一無二的作品。

舊領帶是寶藏素材

拆解領帶的作法

1 拆下商標圈&環圈，剪開閂止縫。

2 抽出內襯，拆開縫線，還原成一片布。

領帶名稱

小劍套環（環圈）
商標圈
閂止縫
小劍
大劍

NO.39　ITEM｜領帶髮帶　作法｜P.95

以喜愛圖案的領帶，拼接製作成髮圈，並在後方縫入鬆緊帶以貼合頭部。可在此應用中，享受變化不同接合方式改變圖案樣貌的趣味。

NO.38　ITEM｜領帶置物墊　作法｜P.91

以各色領帶縫合成圓形的居家擺飾墊，活用大劍，形成宛如大花的設計。

在重疊大劍&小劍的掀蓋上，縫上磁釦。

NO.40 ITEM｜掀蓋式領帶波奇包
作法｜P.95

將常見的regimental（斜條紋）領帶作成小物，利用設計漂亮地呈現圖案之美。掀蓋式×彈片口金的組合，將賦予作品具動態感的時尚印象。

能突顯領帶圖案的簡單樣式。

NO.41 ITEM｜領帶波奇包
作法｜P.94

不拆解，直接使用三條領帶製作的波奇包。中心大劍、左・右小劍，交錯拼接成掀蓋。

配合領帶圖案選擇鈕釦也是樂趣之一。

NO.42 ITEM｜領帶眼鏡收納包
作法｜P.94

直接利用領帶幅寬製作的眼鏡包。除了眼鏡之外，隨想放入的文具、裁縫工具等內容物變更長度也OK。

由刺子繡作家ちるぼる飯田敬子所負責的刺子繡連載第3回，在一塊家事布中，表現季節的流轉。

刺子繡家事布

NO.43·44

ITEM｜花與種子（No.43黃色·
No.44淺紫色）
作法｜P.36

利用5mm方格，以橫、直、斜向線條描繪出花與種子。在一塊家事布中，傳遞出引頸期盼的春日訊息。

No.43線＝NONA細線（黃色）
No.44線＝NONA細線（淺紫色）／
NONA
家事布＝DARUMA刺子繡方格導線／
橫田株式會社

No.43

No.44

profile

ちるぼる・飯田敬子

刺子繡作家。出生於靜岡縣，在青森縣居住時期接觸了刺子繡，從此投入學習傳統刺子繡技法。目前透過個人網站以及youtube，推廣初學者也易懂的刺子繡針法＆應用方式。

@sashiko_chilbol

攝影＝腰塚良彥

刺子繡家事布的作法

※為了方便理解，在此更換繡線顏色，並以比實物小的尺寸進行解說。

[刺子繡家事布的基礎]

起繡點 1

（背面）
縫合側　5格
起繡點

在距起繡起點前方5格入針，穿過兩片布料之間（不在背面露出線條），往起繡點出針。不打線結。

頂針器的配戴方法·持針方法

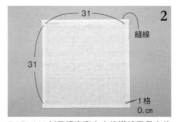

頂針器
針

圓盤頂針器的圓盤朝下，套入中指根部。剪下張開雙臂長度（約80cm）的線段，取1股線穿針。以食指和拇指捏針，頂針器圓盤置於針後方的方式持針。

製作家事布＆畫記號 2

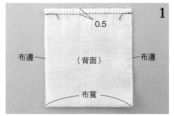

31
縫線
31
1格
0.cm

DARUMA刺子繡家事布方格導線已帶有格線。使用漂白布時，請依圖示尺寸以魔擦筆（可利用熱度消除畫記的筆）描繪。

製作家事布＆畫記號 1

0.5
布邊　（背面）　布邊
布寬

將「DARUMA刺子繡家事布方格導線」正面相疊對摺，在距離布邊0.5cm處平針縫，接著翻至正面。使用漂白布時則是裁剪成75cm，以相同方式縫製。

順平繡線

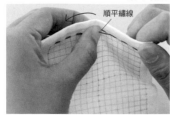

順平繡線

每繡1列，就順平繡線（左手指腹將線往左側順平），以舒展線條不順處，將繡好的部分整理平坦。

2

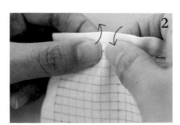

以左手將布料拉往外側，頂針器從後方推針，使針在正面出針。重複1、2。

繡法 1

以左手將布料拉往自己的方向，使用頂針器一邊推針，一邊以右手拇控制針尖穿入布料。

2

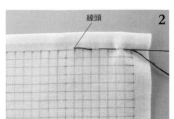

線頭

留下約1cm線頭，拉緊線，再將穿入布間的線加以固定，開始刺繡。完成後剪去線頭。

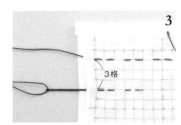 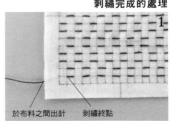 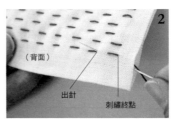

刺繡完成的處理

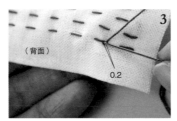

繡3目之後，穿入布料之間，在遠處出針，並剪斷繡線。

※刺繡過程中若繡線不足，也以同樣的起繡&刺繡完成後的處理方式進行。

以0.2cm左右的針目分開繡線入針，穿過布料之間，於隔壁針目一端出針，以相同方式刺繡。

翻至背面，避免在正面形成針目，將針穿入布料之間，在背面側的針目一端出針。

刺繡完成後，就從布料間出針。

[No.43‧44 花與種子的繡法]

1. 橫向刺繡

工具

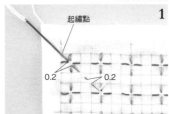 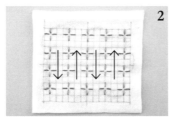 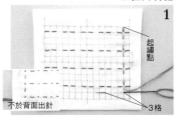 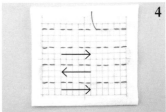

繡到末端時，將針尖穿入2片布料之間（勿於背面出針）在同位置的3格下方出針。

挑方格線中心0.2cm，接著繡1格再空1格，重複此步驟。

參見P.36起繡點，從方格第2排右端，圖示位置起縫。

① DARUMA 刺子繡家事布方格導線（或漂白布）②線剪③頂針器 ④針（有溝長針）⑤線（NONA細線或細木棉線）⑥尺⑦細字魔擦筆
※⑥⑦用於在漂白布上畫方格。

3. 斜向刺繡

2. 直向刺繡

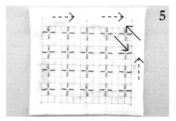 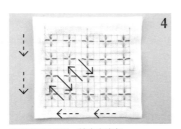 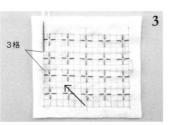 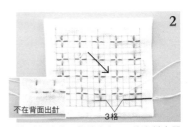

進行斜向刺繡。挑縫步驟1.-2挑好的繡線中心0.2cm後繡1格，並挑縫下1格中心0.2cm。重複此步驟。

以步驟4的相同方式繡至盡頭。十字紋就完成了。

直向刺繡。以橫向的相同方式在步驟1.-2挑線的中心，反覆進行挑0.2cm繡1格，再空1格的步驟。繡到盡頭時，將針尖穿入2片布料之間（勿於背面出針），在左邊3格出針。

重複步驟2、3直到盡頭。

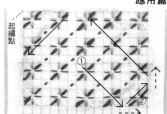 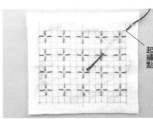

以步驟1至4相同方式繡右半部。

重複步驟1至3，繡完左半部。

以步驟2.-1相同方式繡到末端後，將針尖穿入2片布料之間（勿於背面出針），在3格下方出針。

繡到末端時，將針尖穿入2片布料之間（勿於背面出針）在左邊3格出針。

應用篇

完成

繡斜線時，重複繡1列（①），再繡1格反向斜線（②），就能不剪斷繡線持續地進行刺繡。

沾水消除線條（魔擦筆則熨燙消除），並剪去多餘的線頭，完成！

從右上開始，繡上與步驟5繡好的線條交叉的反向斜線，依步驟1至5相同方式刺繡。

Serialization / NONA

透過手鞠球享受季節更迭之美

手鞠的時間

手鞠球與草木染商店NONA的手鞠連載。冬季號以「贈禮手鞠」為主題，介紹最適合迎接新年度的鶴手鞠。

photo：Yukari Shirai　styling：Rie Sasaki（NONA）

贈禮手鞠

既然是新年期間的賀年禮，就會想到贈送吉祥圖案的物品對吧！「吉祥的鳥：鶴，這是手鞠教室裡相當受歡迎的圖案。除了新年，想要作來祝賀婚禮等場合的人也不少喔！」NONA的安部這樣表示。

因自古流傳「鶴千年」的說法，鶴一直被視為象徵長壽的鳥類。

此外，因認定彼此就是一生，又有「夫妻鶴＝感情好」的象徵之意。若想祈求新年幸福，何不作作看描繪著擁有純白羽毛、飛舞姿態美麗的鶴手鞠呢？

製作P.38・P.39鶴手鞠的材料套組

No.45　鶴手鞠（核桃色）套組

No.46　鶴手鞠（原色）套組

套組內容　手鞠用刺繡線（3色）・細線（1色）・稻糠・紙條・薄紙・針

裝飾在玄關或房間一角，
自然營造出凜然氛圍感的鶴手鞠。

NONA染的核桃色線

為了表現鶴的柔白色，使用以核桃染成的核桃色線，並藉由深淺層次的染色，特製出淡米色到深咖啡色的高雅色調繡線。

SHOP｜NONA
東京都杉並区西荻南 3-21-7
www.nonatemari.com
@nonatemari

ITEM｜鶴手鞠
　　　　No.45・核桃色
　　　　No.46・原色

NO. 45・46

作 法｜P.40

在八等分素球上，飛舞著大中小不同尺寸的鶴。No.45是核桃色素球加上鶴的設計。另一款No.46，則以原色素球搭配鶴，展現出純白鶴的崇高感。

No.45・繞線＝NONA細線（核桃色）
　　　掛線＝NONA繡線（核桃色・淡核桃色・朱紅色）
No.46・繞線＝NONA細線（核桃色）
　　　掛線＝NONA繡線（原色・核桃米色・朱紅色）／NONA

手鞠
～素球的作法
https://youtu.be/FiQm93WszHM

手鞠
～決定北極・南極・赤道的作法
https://youtu.be/fctgodDtH5o

作 法

NO. NO.
45·46

作法　鶴手鞠

※為了方便理解，在此更換繡線顏色。

1.製作素球

薄紙
稻糠

1

把稻糠放在薄紙上。

圓周24cm
稻糠約42g
薄紙21cm×21cm

── 道具・材料 ──

⑦
⑤
⑨

⑧

⑥　④　③　②　①

① 書寫用具
② 定規尺
③ 紙條20cm（捲紙或裁剪成寬5mm的長條紙）
④ 針（手鞠用針或厚布用針9cm）
⑤ 珠針
⑥ 剪刀
⑦ 薄紙
⑧ 稻糠
⑨ 精油
⑩ NONA細線
⑪ NONA線（繡線）

精油

2

依喜好在稻糠中添加精油。

包覆。

3

以薄紙包覆稻糠。

捲繞。

線
NONA細線1股
（核桃色、原色）

細線

4

將薄紙避免重疊地揉圓，並以手指壓住細線的一端，輕柔地開始纏繞底線。

5

隨機纏繞底線，形成如哈密瓜網眼般的紋路。並不時地以手掌搓圓。

緊密纏繞。

6

覆蓋薄紙八成左右後，開始將線捲得較緊。確認圓周約為24cm左右。捲至完全遮蓋薄紙。

線頭
針

7

纏線完成之後，將針插在素球上，線頭穿過針眼。

針

8

拔針，線頭藏入素球中。

北極

赤道

南極

9

素球完成。上方稱為北極、下方為南極，中心則稱作赤道。

2.決定北極・南極

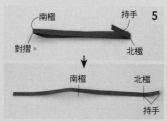

珠針

北極

1

隨機選定位置當作北極，插上珠針。北極、南極、赤道分別使用不同顏色的珠針，以便清楚辨別。

北極

持手3cm

紙條

2

準備測量距離的紙條。紙條一端摺疊3cm（此處稱之為持手）。摺線放置於北極。

北極

摺疊

纏繞。

3

紙條繞素球1周。與步驟2摺疊好的位置銜接，摺疊另一端。

裁剪

4

依步驟3的摺痕裁剪紙條。素球的圓周就測量出來了。

南極

持手

對摺

北極

南極　　北極

持手

5

持手保持摺疊狀態，將紙條對摺。步驟2摺疊的位置為北極，對摺處則為南極。

珠針

北極

南極

紙條

6

暫時取下北極的珠針，紙條置於北極處，再次連同紙條刺入相同位置。

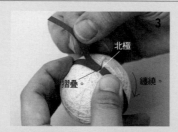

纏繞。

珠針

南極

紙條

7

將紙條捲在素球上，珠針刺入紙條的南極左側。

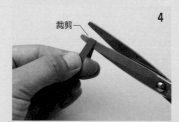

旋轉。

南極

纏繞。

8

沿赤道旋轉素球，重新捲上紙條，測量北極＆南極之間幾處位置，一邊錯開步驟7的珠針位置，一邊決定正確的南極位置。

3.決定赤道

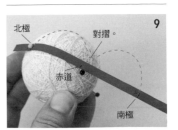
9

在紙條南北極之間對摺，找出赤道位置。再次將紙條捲在素球上，在赤道位置的左側刺入珠針。

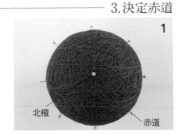
1

旋轉素球，採相同方式測量赤道位置。隨機在8個位置刺入珠針，移開紙條。

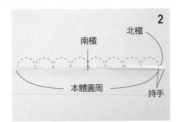
2

將紙條南北極之間8等分，並作記號。

3

紙條捲在步驟1標記的素球赤道上，將珠針刺入8等分記號位置。

4.分球

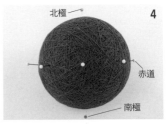
1

線：NONA繡線1股
（核桃色·原色）

3cm

在距離北極3cm位置入針，從北極出針。拔針，拉線直到線頭收入素球中。此為起繡的基礎。

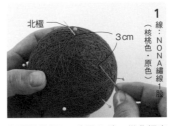
2

使線位於入針的相同側，以避免線鬆脫，在此統一通過赤道上的珠針右側。

3

通過南極右側，回到北極。再通過北極右側，繞往左鄰的赤道右側。

4

決定好北極&南極，赤道也分成了8等分。

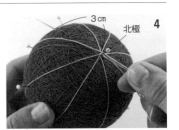
4

3cm

北極

重複步驟3，分割為8等分。在北極左側入針。刺繡完畢在距離3cm的位置出針，剪斷繡線。此為基本的完繡處理。

5

赤道

作出赤道。在赤道的分割線左側出針（起繡點）。

6

步驟5的分割線

以步驟2的相同方式在刺針側繞赤道1周，於5的分割線右側入針，進行完繡處的處理。

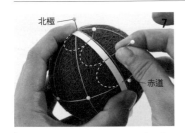
7

北極

赤道

以紙條測量從北極到赤道的長度，作3等分記號，以此紙條為依據，在分割線3等分的位置刺入珠針。

8

3等分的珠針

將8等分線全部分成3等分，刺入珠針。並於刺入的珠針分割線左側出針（起繡點）。

9

由右向左，穿過右鄰珠針的分割線，挑縫素球。

10

步驟8的分割線

重複步驟9進行1圈，在步驟8分割線右方下針，進行完繡處理。

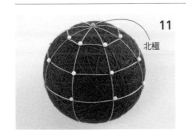
11

北極

第2排以相同方式掛線，南極側也以步驟7至10相同方式掛線。完成後拔除南、北極以外的珠針。

5.繡翅膀

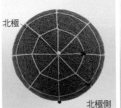

1

北極側

南極側

北極

南極

將珠針刺入圖示的5個位置，以此珠針（黑）將作為鶴的中心。

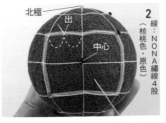
2

線：NONA繡線4股
（核桃色·原色）

北極

出

中心

於正中央的四角形內繡鶴。北極朝上，在圖示位置出針（起繡點）。

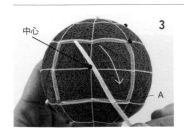
3

中心

A

順整繡線避免扭轉，往下穿過中心右側。線&分割線的交錯位置即為接下來的刺繡位置（A）。

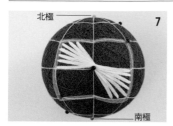

7
北極
南極

渡7股線，進行完繡處理。

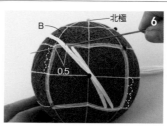

6
北極
B
0.5

北極側朝上，從右朝左挑縫B處素球約0.5cm。以步驟**3**、**4**相同方式繡南極側。接下來要交互刺繡直向分割線4等分的位置。

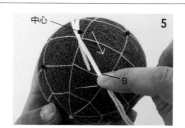

5
中心
B

順整繡線避免扭轉，線條往下穿過中心左側。線＆分割線的交錯位置即為接下來的刺繡位置（B）。

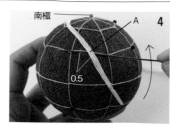

4
南極
A
0.5

南極側朝上，從右朝左挑縫A處素球約0.5cm。

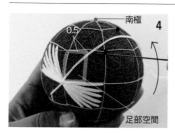

4
南極
0.5
足部空間

南極側朝上，從足部空間右端，由右朝左挑縫素球約0.5cm。

3
北極
中心
南極

拔起中心的珠針，從南極側朝北極側，將針穿過羽毛中心。

2
北極
0.5
南極

在步驟**1**出針位置下方0.5cm處（南極側），從右朝左挑縫素球。

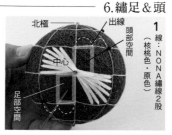

— 6.繡足＆頭
1
北極
出線
頭部空間
中心
足部空間
線：NONA繡線2股（核桃色・原色）

北極側朝上，以小四角形的左半部為頭部、右半部為足部空間。於頭部空間右上方出針（起繡點）。

3
中心

繡線沿步驟**6.−3**線條右側，針以相同方式穿過中心。

2
6-2

挑縫**6.−2**刺繡處右側素球。

— 7.繡影子
1
6-1
線：NONA繡線1股（深核桃色・核桃米色）

於步驟**6.−1**刺繡處左側出針。

5
中心

針刺入中心，進行完繡處理。

— 8.繡頭部顏色
1
0.5
線：NONA繡線2股（朱紅色）

在步驟**6.−1**上方繡0.5cm（起繡點・完繡點）。

6
1

羽毛下方繡1cm陰影，並在從下數來第2根羽毛下方出針。以相同方式繡6處影子。

5

在從下數來第3根羽毛下方出針（起繡點）。

4
右足
左足

從左足的右方入針，將針刺入右足的右方，進行完繡處理。

完成

後半部也以相同方式繡上5隻鶴，完成！

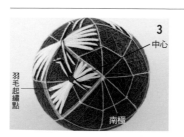

3
中心
羽毛起繡點

南極側也參見圖示，在三角形內繡鶴。

2
北極
中心
南極

北極側參見圖示，在三角形中繡鶴。頭腳相互錯開進行刺繡。

— 9.繡5隻鶴
1
中心

在中心鶴的上下四角形內，以相同方式繡鶴。

刺繡家●Jeu de Fils高橋 紀老師的連載，
每期製作一項作品，可完成一套刺繡組。
本次是最後的結尾之作！

攝影＝回里純子　造型＝西森 萌

NO.47

CHANCE

NO.48

可合身收納在
信封形收納袋
中的尺寸。

No 47 ITEM｜燙衣墊收納袋
作 法｜P.96

No 48 ITEM｜燙衣墊
作 法｜P.96

想以小熨斗快速燙貼小配件，或進行布小物的
細部熨燙時，若有特製的小型燙衣墊就會非常
方便，再加上攜帶用的專屬收納袋就更完美
了。在此作品中，以過去一整年學到的刺繡技
法繡出CHANCE的字樣吧！
（關於刺繡或貼布繡詳細解說參見P.44）。

燙衣墊背面黏貼
了Jeu de Fils經
典花紋紙。

profile **Jeu de Fils ● 高橋亜紀**

刺繡家。經營Jeu de Fils工作室。從小就對刺繡感興趣，居
住在法國期間正式學習刺繡，於當地的刺繡圈出道。一邊與各
地的手藝家進行交流，一邊開始蒐集古刺繡、布品與相關資料
等，返回日本後成立工作室。目前除了在工作室與文化中心舉
辦講座，也於雜誌與web上發表作品。
http://www.jeudefils.com/

刺繡的基礎筆記

用於北京繡

【Chenille針】 使用於緞帶繡，容易穿過粗線，針孔長且前端尖銳的刺繡針。

【Tapestry Wool繡線】 羊毛繡線。以毛線替代也OK。

工具・材料

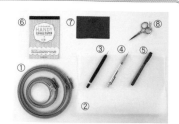

【法國刺繡針7號】 使用針孔長、容易通過複數線條，前端尖銳的針。此次使用1至2股線適用，較細的7號針。

【25號繡線】 由6股細線捻合成1條的刺繡線，每次抽出需要股數使用。

①刺繡框②描圖紙③鐵筆④自動筆⑤簽字筆（細字）⑥布用複寫紙⑦複寫紙⑧剪刀

刺繡方法

緞面繡

1

線頭打結，從正面距離起繡點起，取超過繡針長度的位置入針，再從起繡點出針。

2

將扭轉的繡線理直順齊，拉往正上方，並以左手拇指按住。從起繡點正下方入針。

3

從背面側，將繡線往正下方拉。往正下方拉，能使讓正面露出的繡線筆直。

4

從起繡點的右鄰出針，重複步驟**2**、**3**。為了避免圓圈中央明顯地凸出，在中央的小範圍內繡等長的線段。

5

慢慢地改變線長，作出差距。

6

與其將圓的邊緣限制在圖案內側，不如將線條輪廓沿邊緣曲線繡得較長，形成自然地弧度。

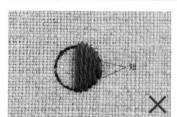

7

右側繡完之後，在背面側出針，穿過繡線下方，左側也以步驟**2**至**6**相同方式刺繡。

〈完繡的處理〉

1

於背面側出針，穿過繡線下方，剪斷多餘的線。

2

剪斷起繡點的線結。

3

將背面穿出的線頭穿入針眼，通過繡線下方並剪斷線條。

〈繞線〉

1

針由下而上，穿過鎖鏈繡針目，使線繞繞每一針目。

2

將針穿入前一針（起繡處）的下方。

3

在②出針的相同位置入針。接著再在前方0.3cm出針，重複步驟**2**、**3**。

〈鎖鏈繡〉

1

於起繡點出針，在前方0.2cm入針（①入），再於前方0.3cm出針（②出）。

繞線鎖鏈繡

44

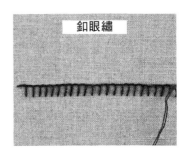

釦眼繡

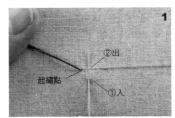

3
往上拉線。重複步驟**1**至**3**，繡至完繡點。

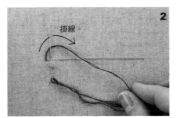

2
掛線時。
掛線於針上。

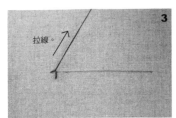

1
②出
起繡點
①入
在起繡點出針，直向入針。

輪廓繡

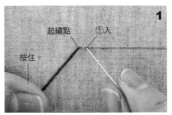

3
②出
③入
拉線，取步驟1針目相同長度的位置入針（③入）。重複步驟**2**、**3**。

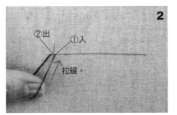

2
②出
①入
拉線。
拉線，在起繡點＆第1針之間出針（②出）

起繡點
①入
按住。
從起繡點出針，在距離0.3至1.5mm的位置入針（①入）。針目大小依刺繡尺寸調整，並以左手拇指壓住線條，才不會妨礙作業。

貼布繡的方法 ——— **描圖方法**

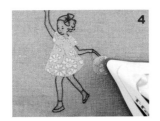

4
將剝除面朝下，熨燙黏貼於完繡布料的貼布繡位置。

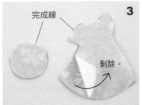

3
完成線
剝除。
沿完成線剪下，並剝下離型紙。

2
離型紙側
（背面）
沿完成線外側0.5㎝裁剪雙面膠襯，再熨燙黏貼於布料背面。

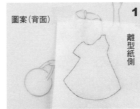

1
圖案（背面）
離型紙側
（背面）
將描好的圖案翻至背面，雙面膠襯的離型紙側朝上疊放，描繪貼布繡。

描圖紙
布料
複寫紙
在描圖紙上以細字簽字筆描繪圖案，並以珠針固定在布料上想刺繡的位置。複寫紙（或布用複寫紙）深色面朝下夾入，以鐵筆描邊轉寫圖案。

P.50 No.50 皮革提把托特包的刺繡方法

※若要在布紋較粗、難以描線的布料上描圖時，建議以點描線較為容易。

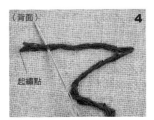

4
（背面）
起繡點
將纏繞用線（Tapestry Wool繡線）穿過背面側起繡點前方2針的底線。

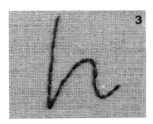

3
重複步驟**2**，最後在背面打收針結。

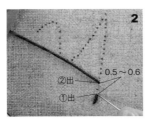

2
②出
①出
0.5～0.6
在①出前方0.5至06㎝處出針（②出），回到①出。

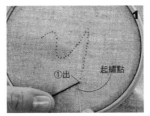

1
①出
起繡點
在底布進行回針繡（25號繡線）。線頭打結，從背面側起繡點前端0.5至0.6㎝處出針（①出），再回到起繡點。

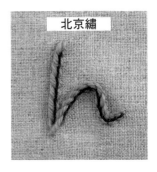

北京繡

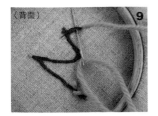

9
（背面）
繡到盡頭，從背面出針，以起繡點相同方式繞線約2針後剪斷。

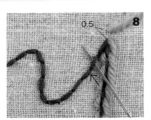

8
0.5
重複步驟**6**、**7**，改變方向時，要在前方0.5㎝出針。前方2針的繡線從文字外側朝內側穿線後，以步驟**7**相同方式刺繡。

7
起繡點
回到第1針，以步驟**6**的反方向穿入。

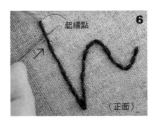

6
起繡點
（正面）
從前方第2針目下方，由文字外側穿入內側。

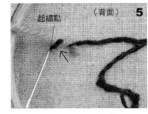

5
（背面）
起繡點
穿過第1針目、纏繞線條，再於起繡點入針。

繡線MOCO × Soie et繽紛色彩
野生花圈布包

以色彩豐富的繡線MOCO×絲線Soie et，
預作一個早春出遊的野生花圈刺繡包吧！

ITEM｜野生花圈布包
布包作法｜P.98
圖　案｜P.97
刺繡針法｜P.97

NO.49

薺菜、蓮花、阿拉伯婆婆納、蒲公英、風信子、
春飛蓬……以春季郊外綻放的草花為主題，設計
美麗的花圈。質感蓬鬆柔軟的MOCO＆具光澤感
的Soie et各有特色，運用得宜就能更好地表現各
種草花的獨特形態。

刺繡家·yula

@yula_handmade_2008

MOCO和Soie et的色彩選擇都極豐富，MOCO是1股
繡線，因此運用於薺菜葉尖等位置的法式結粒繡時，
線條不會打結，能繡得很漂亮。而在蒲公英＆蓮花葉
片等位置，點綴使用Soie et則能增添絲線的光澤，使
花圈更顯生動。

攝影＝回里純子（P.46）·腰塚良彥（P.47）　造型＝西森 萌

野生花圈布包的繡圖＆用線

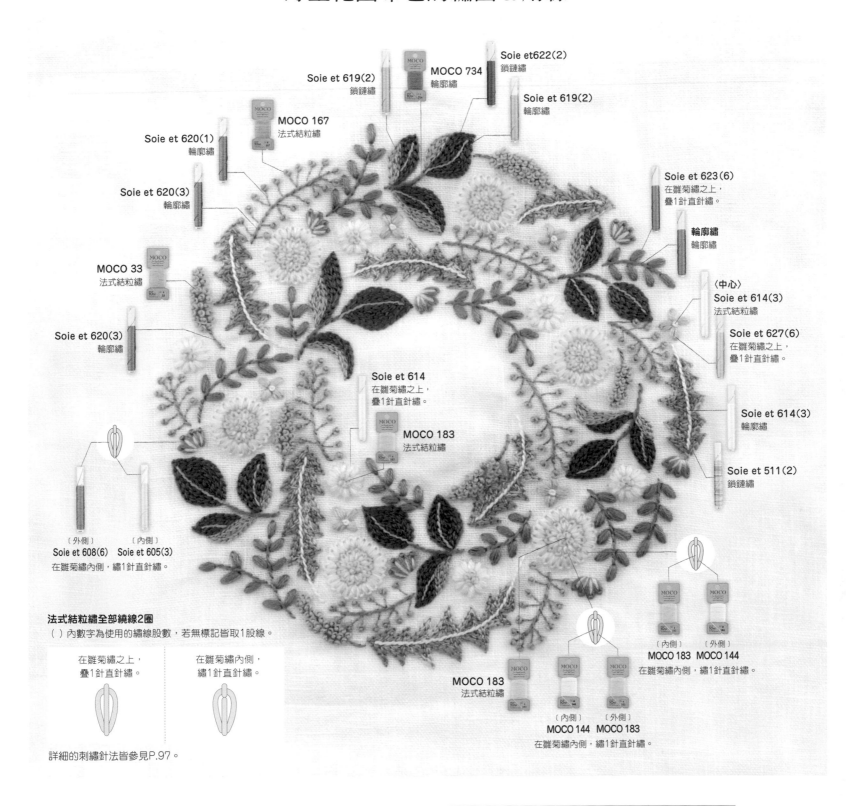

Soie et 619(2)
鎖鏈繡

MOCO 734
輪廓繡

Soie et622(2)
鎖鏈繡

MOCO 167
法式結粒繡

Soie et 620(1)
輪廓繡

Soie et 619(2)
輪廓繡

Soie et 620(3)
輪廓繡

Soie et 623(6)
在雛菊繡之上，
疊1針直針繡。

MOCO 33
法式結粒繡

輪廓繡
輪廓繡

〈中心〉
Soie et 614(3)
法式結粒繡

Soie et 620(3)
輪廓繡

Soie et 627(6)
在雛菊繡之上，
疊1針直針繡。

Soie et 614
在雛菊繡之上，
疊1針直針繡。

Soie et 614(3)
輪廓繡

MOCO 183
法式結粒繡

Soie et 511(2)
鎖鏈繡

〔外側〕　　　〔內側〕
Soie et 608(6)　Soie et 605(3)
在雛菊繡內側，繡1針直針繡。

〔內側〕　　〔外側〕
MOCO 183　MOCO 144
在雛菊繡內側，繡1針直針繡。

法式結粒繡全部繞線2圈
（　）內數字為使用的繡線股數，若無標記皆取1股線。

在雛菊繡之上，
疊1針直針繡。

在雛菊繡內側，
繡1針直針繡。

MOCO 183
法式結粒繡

〔內側〕　　〔外側〕
MOCO 144　MOCO 183
在雛菊繡內側，繡1針直針繡。

詳細的刺繡針法皆參見P.97。

Soie et

100％絲質線。帶有的高雅光澤＆柔和觸感，
是絲線獨有的特色。
由於是易於刺繡或手縫使用的25號3股線，能
隨喜好抽出所需股數使用。出自京都絹線染色
的專家染製而成，色調細緻柔和。共有單色45
色、漸層25色，全70色的選擇。

材質：100％聚酯纖維／線長：每卷15m／適用針：法式刺繡針5

MOCO

100％聚酯纖維的1股線。
是質感蓬鬆且柔和可愛的手縫線。具適度
的粗細＆耐用度，搭配任何素材都能順
暢縫製是其特色。共有單色60色、漸層20
色，全80色的選擇。也適用於包包提把＆
鈕釦的接縫。

材質：100％聚酯纖維／線長：每卷10m／適用針：法式刺繡針3

教你學會縫製別出心裁的波奇包！
完全掌握拉鍊計算＆接縫方式！

日本人氣口金包手作研究家——越膳夕香，

自推出《自己畫紙型！口金包設計打版圖解全書》大受好評後，

再度出版姐妹作《自己畫紙型！拉鍊包設計打版圖解全書》。

需要縫製拉鍊的作品，一直都是初學者感到困擾的款式，

本書作者特別將拉鍊包分類，整理成實用的紙型打版教科書，

讓您能夠簡單的運用，作出符合需要版型的各式拉鍊包！

自基礎的拉鍊介紹、認識拉鍊、挑選拉鍊開始，

配合拉鍊製作紙型，依照想要位置、款式、設計，

可運用本書的製版教學，自行設計紙型，

製作出想要的拉鍊包，即使是初學者製作也沒問題！

本書附錄紙型貼心加上了製圖用的方格紙，

讓想要自學繪製基本版型設計的初學者也能快速上手，

縫合拉鍊並難事，跟著越膳夕香老師的講解及詳細教學，

自由自在地運用本書技法作出各式各樣的拉鍊包，享受手作人的設計樂趣吧！

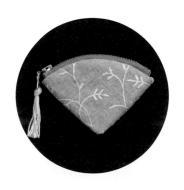  

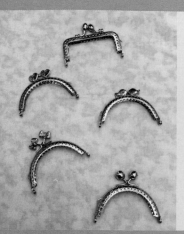

本書豐富收錄

直線設計
29款

圓弧曲線
26款

附屬配件
12件

紙型貼心附錄製圖用方格紙
+
搭配組合作品原寸紙型17款

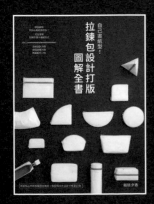

自己畫紙型！
拉鍊包設計打版圖解全書
越膳夕香◎著
平裝96頁／19cm×26cm／彩色+單色
定價480元

為喜愛的季節手作

本單元將介紹由手作家們帶來的季節專屬作品。

從聖誕節、新年，到女兒節……以手作為節慶活動增添色彩吧！

攝影＝回里純子　造型＝西森 萌

NO.51　ITEM | 狐狸卡片套
作法 | P.99

在義大利亞麻布上，以十字繡繡上狐狸的時尚吊飾卡片套。夾入薄鋪棉，製作成俐落的款式。

※Count…表示1吋（2.54cm）的布料織紋有幾格（數字越大，布紋越細）

NO.50　ITEM | 皮革提把托特包
作法 | P.109

以義大利製的厚平織格紋棉布製作托特包，搭配手縫式的真皮提把。羊毛繡線繡字The A means a letter（紅心A代表著信件），是取自古老占卜卡上的文句。

提把＝真皮手提式提把〈KM-18・#25焦茶色〉
INAZUMA（植村株式會社）

NO.51

NO.50

1.香菇＆狐狸（左）的繡圖參見P.99，鉛筆＆狐狸（右）則是欣賞作品。

2.卡片夾背面附有外口袋。

3.包包裡布也使用了可愛的印花布。

4.包包正面以羊毛繡線，繡上鎖鏈繡＆十字繡愛心。

COTTONE FRIEND × 聖誕節

NO.**52** ITEM｜星星布盤
作 法｜P.66

可盛裝糖果或飾品等小物的星形置物盤。為了呈現出漂亮的星形，使用了單膠襯Decovil。

使用的是
這個！

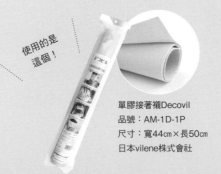

單膠接著襯Decovil
品號：AM-1D-1P
尺寸：寬44cm×長50cm
日本vilene株式會社

※Decovil為Carl Freudenberg KG社的商標。

NO.**53** ITEM｜化妝包
作 法｜P.100

可當成化妝包、便當袋或針線包！方便萬用的手提箱型包款。使用2條20cm拉鍊，製作成能雙向開關的設計。

COTTONE FRIEND × 聖誕節

1

2

1.在包底添加腳釘。
2.包包內側包捲了滾邊斜布條。

NO.54 ITEM｜小老虎包袱巾
作 法｜P.108

攤開時就像一張虎皮地毯！從這麼可
愛的包袱巾裡拿出賀年禮，應該會讓
人嚇一跳後，露出一年的第一個笑
容。

COTTON FRIEND × 新年

NO.55 ITEM｜老虎手提包
作 法｜P.101

使用老虎圖案印花布的簡易布包。除
了新年，平日亦可摺疊收納，當作備
用包使用。

表布＝生肖零碼布（LGC-41110-1B）
／株式會社Kokka

福田とし子×女兒節
@beadsx2

No.**56**　ITEM｜兔子造型雛人偶（天皇・皇后）
　　　　作　法｜P.102

無論室內裝潢是日式或西式，擺上小巧的兔子造型雛人偶都很合適。圓滾滾的模樣非常可愛，
但內裡的填充顆粒使其具有良好的穩定性。想不想也裝飾在你家玄關或餐櫃一角呢？

攝影＝回里純子　造型＝西森 萌

細尾典子的
創意季節手作

〜招福羽子板壁飾〜

和布小物作家細尾典子，一起沉浸在季節感手作的連載。

這次要作的是適合新年〜節分，過年推薦的居家掛飾物件。

自從去年在手作誌的連載中介紹了迎新的「新卷鮭的新年掛飾」後，很快地又過了一年。因收到不少人的回響，說也跟著動手作了具震撼效果的「新卷鮭」，所以我今年也開心且努力地設計了新作，並取名為「招福羽子板壁飾」。在這個設計中，寄託了「希望新的一年，對大家來說都是很有福氣的一年」的心意。請愉快地製作＆裝飾吧！

profile ————————

細尾典子

居住於神奈川縣。以原創設計享受日常小物製作的布小物作家。長年於神奈川縣東戶塚經營拼布・布小物教室。著作《かたちがたのしいポーチの本（造型有趣的波奇包之書）》（Boutique社出版）中刊登了許多看起來愉快！作起來開心！的作品。

@norico.107

NO.57

ITEM│招福羽子板壁飾
作　法│P.104

據說自古以來，因為希望「邪氣退散（退散的日文諧音：羽根）」，想要健康地度過一年，所以會在新年時玩板羽球的遊戲。本次以此主題作為新年吉祥物，製作了全長53cm的大型羽子板掛飾，招滿福氣迎入家中吧！側邊附有可放置卡片等物品的凵袋。

———————————————

單膠棉＝單面接著鋪襯（硬式・MKH-1）
接著襯＝織物襯布（紮實硬挺型・AM-F1）／日本vilene株式會社

ITEM│柊鰯波奇包（欣賞作品）

新年過完，緊接著到來的就是節分。節分代表物「柊鰯」，是將鬼害怕的柊枝插上烤過的沙丁魚頭，具有驅魔的意思。造型相當具震撼力，是一款僅僅攜帶在身上，似乎就有驅邪效果的拉鍊波奇包。

攝影＝回里純子　造型＝西森 萌

以春日錢包招福！

取「春」的日文諧音為飽滿（張る，錢包滿滿）之意，
不如以新年度的「一粒萬倍日」為目標，
以喜愛的布料製作錢包如何呢？

一粒萬倍日

曆法中的吉凶日之一。一粒萬倍日有著「播一粒
種，能收穫一萬倍的稻穗」的意思，是適合想要順
利開啟一項發展計劃的好日子。若在這天將錢包換
新，裡面的東西或許也會增加！？

〈2022 年的一粒萬倍日〉
1月11日・3月26日・6月10日・8月23日

No.63

No.62

No.65

No.64

NO.59 ITEM｜輕便錢包
作 法｜P.111

卡片加上幾張鈔票，再稍微帶點零錢……在附近購物這樣就足夠了！由於提繩上有伸縮鑰匙圈，因此只要安裝在包包提把上，即使在容易混亂的包包中也能輕易找到。

表布＝牛津布 by Egg Press（EKXA-5600-2C）／株式會社Kokka

伸縮鑰匙圈是能任意伸縮的便利好物。

NO.58 ITEM｜零錢包
作 法｜P.89

可大大敞開包口的零錢包。尺寸約8cm×8cm，相當小巧。不佔空間，拿取硬幣時可一目瞭然，相當方便。

表布＝棉布 by Egg Press（EKXA-5700-3C）
裡布＝粗織厚棉布（EKX199-1D）／株式會社Kokka

NO.61 ITEM｜L型拉鍊短夾
作 法｜P.107

巴掌大的拉鍊錢包。內側也附有口袋可分類收納，實用性也很不錯。

表布＝牛津布 by Egg Press（EKXA-5600-3B）／株式會社Kokka

NO.60 ITEM｜風琴褶錢包
作 法｜P.106

在行動支付逐漸成為趨勢的現今，改用輕巧的三摺式錢包如何呢？除了風琴褶可放置卡片＆摺起的鈔票，還有零錢格設計，功能相當齊全！

表布＝棉布 by Egg Press（EKXA-5700-1A）／株式會社Kokka

攝影＝回里純子　造型＝西森 萌　妝髮＝タニジュンコ　模特兒＝島野ソラ

YOKO KATO

方便好用的
圍裙＆小物

縫紉作家・加藤容子老師至今為止所製作過的圍裙數量已達200件以上！本次介紹的是，適合冬季家事工作的圍裙與使用圍裙剩布能夠製作的小物。

NO.62
ITEM｜羅紋袖口罩衫式圍裙
作り方｜P.110

後側無開口，如長上衣般穿著的日式圍裙。袖口的縮口布設計，可方便挽起袖子，實用性極佳。且配合冬季毛衣與多層次穿搭，特地將身寬＆袖寬作得稍微寬鬆。

NO.63
ITEM｜面紙套
作り方｜P.109

無盒的廚房紙巾＆面紙皆適用的收納套，可掛在掛勾上或門把等處使用。抽取口的鈕釦是別緻的小點綴。

No.66・No.67共通　表布＝棉麻平織布（EKX-5120-5B）／株式會社 Kokka

profile　**加藤容子**

裁縫作家。目前在各式裁縫書籍和雜誌中刊載許多作品。為了能夠達成「任何人都容易製作，並且能漂亮完成」的目標，每一件創作都是謹慎地檢視作法＆反覆調整製作而成，因此發表作品皆深具魅力。近期著作《使い勝手のいい エプロンと小物（暫譯：方便好用的圍裙＆小物）》Boutique社出版。

https://blog.goo.ne.jp/peitamama

 @yokokatope

人氣再版！

使い勝手のいい、エプロンと小物 加藤容子 著

自己選布、自己縫製，
就算是經典版型也不怕撞包。

■ 俐落的剪裁，簡單配布不NG。
■ 基本款，但絕對實用、不退流行，布作人必學必收。
■ 定番托特包＋後背包，男用女用都OK。
■ 附贈3大張：全作品含縫份原寸紙型。
■ 布作新手也能愉快完成！

簡約休閒風手作包
BOUTIQUE-SHA◎授權
平裝／80頁／21×26cm
彩色＋單色／定價380元

作品設計・製作・示範教學・作法文字提供／Amy Weng
作品欣賞圖＋作法攝影／Muse Cat Photography吳宇童
P61作品工具+材料包圖片提供／DIY School 手作體驗
採訪執行・企畫編輯／陳姿伶

福虎生風春聯

春節布置，不如掛上可愛的福虎春聯，讓過年氣氛更濃厚吧！
毛線×俄羅斯刺繡技法，不僅使圖像更加立體有層次，
蓬軟軟的萌表情也很有魅力。

Introduction

Amy Weng

DIY School講師群

擅長俄羅斯刺繡・英國鈕扣編織

2021 國立台灣海洋大學、勤益科技大學
體驗教學講師
2020 國立雲林科技大學 體驗教學講師
2019 私人企業體驗教學講師

俄羅斯刺繡，又稱Punch needle，是一種極為抒壓的刺繡方式，
跟中國古代的墩繡有相當的淵源，後來在俄羅斯當地廣為流傳而有名。
使用筆型工具，在布上戳戳戳、不打結就可以完成刺繡作品！

🕐 所需時間：5hrs（圖案較大需要多一點時間完成）
⭐ 難易度：★★☆☆☆ 1.5顆星
　（無刺繡經驗＆能穩定握筆寫字的小朋友，都可以放心一起玩）

此為 Pinkoi × 臺北市立動物園
農曆年「虎你快樂」活動指定商品。
每一份購買都將捐出 5% 銷售金額
（Pinkoi平台限定），作為臺北市立
動物園野生動物保育金。
一起以實際行動支持動物保育～

DIY School 手作體驗

福虎生風春聯・
俄羅斯刺繡材料包

材料包 內含

・QR Code 教學影片／可無限時觀看
・福虎生可愛畫作講義
・方形刺繡框 26×26cm
・增量30%毛線材3色／不怕出錯沒有線材

材料包這裡買
雅書堂獨家材料包－$100折扣碼
elegantbooks2022
※即日至2022/2/28截止
（限登入會員使用）

福虎生風春聯

f DIY School 手作體驗

DIY School 手作體驗初成立於2006年，在一次一次的活動中與許多同學慢慢變成了同好，
一起成長並分享生活的沮喪與快樂，更與許多不同領域的手作講師合作超過百場體驗，
希望你們可以透過我們的設計，一起慢慢享受生活，一起感受手作的樂趣！

how to make

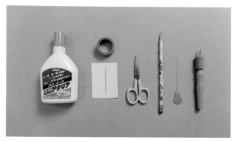

工具 毛線刺繡針組（粗針＋穿線片）· 鉛筆·
剪刀 · 紙膠帶 · 牙籤 · 小紙片 · 白膠

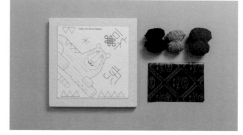

材料 方形布框 · 圖稿 · 毛線3色（紅、黃、黑）·
複寫紙

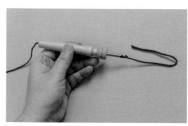

3 將穿線片鐵片往外拉，直到將
毛線拉出刺繡針頭後，把穿線
片跟毛線分開。

2 穿線片鐵絲圈穿出握柄尾端後，
將毛線穿過穿線片鐵絲圈，拉
出約一個手指頭長度。

基本穿針法

1 穿線片由刺繡針斜口穿入。

戳針工具組介紹

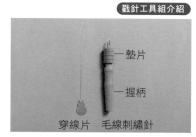

一墊片
一握柄
穿線片　毛線刺繡針

毛線刺繡針組（粗針＋穿線片）
※藉由拆減粗針上的墊片數量，可
控制立體繡的毛圈長度。此作品
全程使用 2 個墊片。

2 正面圖完成。
※平針繡、緞面緞，從正
面依圖刺繡。

描圖

1 依複寫紙（粉狀面靠布面）→
方形布框（正面朝下）→圖稿
（以紙膠帶固定）順序放好，
以鉛筆描圖稿線條。

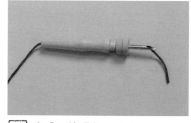

5 完成，線頭留 3 至 5cm。

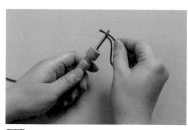

4 將毛線頭穿過針眼。

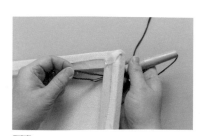

2 在背面拉出線頭。

刺繡針法／平針繡

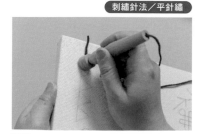

1 在正面進行刺繡。刺繡針與布
面呈 90 度，插入布面（使墊片
平貼布面）。

4 背面圖完成。
※ 毛海繡，從背面依圖刺繡。

3 在要繡毛海繡的圖案處，將複
寫紙放在方形布框與圖稿中間
（粉狀面靠布面），再描一次。

6 在背面剪線（刺繡針往下拉，形成迴圈）。

5 以螺旋狀由外往內捲入的方向，填滿區域。

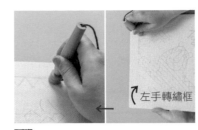

4 進行至轉彎處時，將針戳在布上，轉動繡框。

左手轉繡框

3 斜口保持正對前進方向（朝自己的方向），針沿著布面移動（針尖盡量不離開布面），且每針都要戳到底。

先完成立體繡，再剪開迴圈→毛海繡 毛海繡

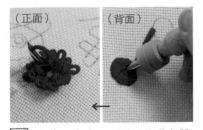

（正面）　（背面）

2 填滿區塊後，正面即呈現立體繡效果。
※ 如只以平針繡填滿區塊，正面的立體繡會有空隙

1 翻至背面進行平針繡，線頭留在背面，不拉至正面。

8 確定線剪斷後，再將刺繡針抽離布面。

7 剪線位置：從迴圈的中間剪開。
※注意不要剪得太靠近針眼，以防線脫落需重新穿線。

6 修剪長度與形狀。先水平剪齊，再修剪外圍至呈現圓蓬感。

5 將立體迴圈剪開。

4 在正面剪線，剪線位置同旁邊立體迴圈的高度。

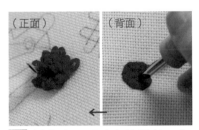

（正面）　（背面）

3 請在中間區塊多繡幾針，使正面的立體繡填補完整。

3 將白膠點在線的頭尾處，加強固定。

背面處理

2 將過長的毛線剪短。

1 斜口朝要填滿面積的大方向，左右移動填滿面積（與斜口呈 90 度）。

緞面繡

4 右手拉綁死結的線，左手將線束對摺成流蘇狀。將另一條線 A 彎成一個勾狀，放在流蘇上，彎勾的開口朝右邊。

3 將線束從布框取下後，在中間點，以 1 條線 A 綁死結 2 次。

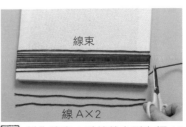

線束

線 A×2

2 製作線束：毛線繞方形布框 10 圈後剪下。

加裝飾（流蘇）

1 剪下 2 條方形布框邊長的線 A。

8 將前一步驟拉緊的線段,在靠近流蘇的地方剪齊。

7 將彎勾的短邊端往右拉,收緊線圈。

6 確實繞緊數圈後,順著方向將線頭穿過彎勾的小圈。

5 以彎勾的長線端繞流蘇數圈。

12 以白膠將流蘇的綁線黏貼固定在方形布框上。

11 將流蘇固定在方形布框上。多出的線頭藏入框與布之間。

10 流蘇完成。

9 剪齊流蘇的尾端。

刺繡順序

3 再往內移動戳一針

2 往外移動戳一針

1 從中心點戳入

花 2
順時針方向,逐瓣來回平針繡

起點

邊緣三角形 1
以平針繡,由外往內螺旋方向填滿

福/虎 4
平針繡

起點

除了福字田圖取單線平針繡,其他皆使用雙線平針繡(取 2 條 100cm 毛線)。

臉/眼睛/鼻子/鬍鬚 3
以平針填滿區域

POINT 鼻子運針方向

3   2   1

完成!

身上紋路 7
在完成的繡面上,疊加平針繡

身體·尾巴 6
以緞面繡填滿

耳朵·身上三角形 5
毛海繡

製作方法

COTTON FRIEND 用法指南

作品頁

一旦決定好要製作的作品，請先確認作品編號與作法頁。

作品編號 ------

作法頁面 ------

原寸紙型

原寸紙型共有A・B・C・D面。

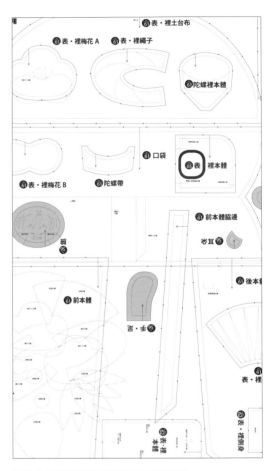

作法頁

翻到作品對應的作法頁面，依指示製作。

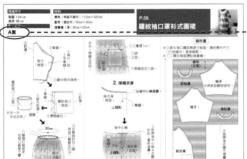

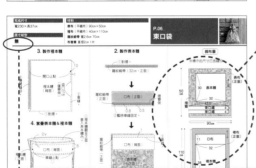

表示該作品的原寸紙型在A面。

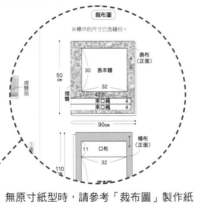

無原寸紙型時，請參考「裁布圖」製作紙型或直接裁剪。標示的數字已含縫份。

標示「無」代表沒有原寸紙型，請依標示尺寸作業。

請依作品編號與線條種類尋找所需紙型。

紙型已含縫份，請以牛皮紙或描圖紙複寫粗線使用。

本書使用的接著襯

Ⓥ＝日本Vilene（株） Ⓢ＝鎌倉Swany（株）

極厚

接著襯 アウルスママ（AM-W5）／Ⓥ
硬如厚紙，但彈性佳，可保持形狀堅挺。

厚

接著襯 アウルスママ（AM-W4）／Ⓥ
兼具硬度與厚度的扎實觸感。有彈性，可保持形狀堅挺。

中薄

接著襯 アウルスママ（AM-W3）／Ⓥ
富張力與韌性，兼具柔軟度，可作出漂亮的皺褶與褶。

薄

接著襯 アウルスママ（AM-W2）／Ⓥ
質地薄，略帶張力的自然觸感。

單膠接著襯

皮革質感接著襯
Decovil／Ⓥ
具皮革質感的接著襯。彈性適中，可使袋體具有自立不軟塌的支撐性。簡單好燙貼，且作品不會太僵硬。

雙膠接著襯

MF Quick／Ⓥ
離型紙上附蜂巢狀黏膠的接著襯，可黏貼布與布，在貼布縫等十分便利。

單膠鋪棉Soft
アウルスママ（MK-DS-1P）／Ⓥ
單面附膠，可用熨斗燙貼。觸感鬆軟有厚度。

接著鋪棉

包包用接著襯

Swany Soft／Ⓢ
從薄布到厚布均適用，能活用質感，展現柔軟度。

完成尺寸	材料	P.03_ NO.**01**
寬約8×長約10.5cm	**表布**（平織布・棉麻細平布）20cm×25cm・20cm×20cm	P.51_ NO.**52**
原寸紙型	**裡布**（棉布）20cm×20cm	星星布盤
B面	**接著襯**（不織布堅挺型）20cm×20cm	
	單膠接著襯（Decovil）20cm×20cm	

3. 摺出摺痕

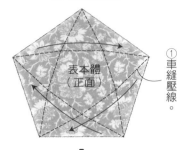

表本體（正面）

① 車縫壓線。

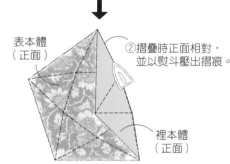

表本體（正面）

裡本體（正面）

② 摺疊時正面相對，並以熨斗壓出摺痕。

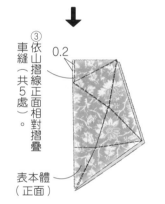

③ 依山摺線正面相對摺疊車縫（共5處）。

0.2

表本體（正面）

1. 燙貼Decovil接著襯

表本體（背面）

① 燙貼Decovil接著襯。

2. 製作本體

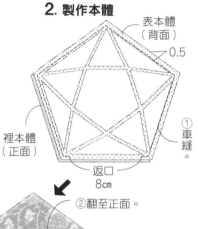

表本體（背面）

0.5

裡本體（正面）

① 車縫。

返口 8cm

② 翻至正面。

表本體（正面）

③ 縫份向內摺0.5cm，縫合返口。

裁布圖

※▨▨處需於背面燙貼接著襯。

表・裡布（正面）
※裡布裁法相同。

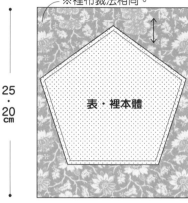

表・裡本體

25・20cm

20cm

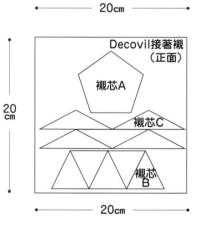

Decovil接著襯（正面）

襯芯A

襯芯C

襯芯B

20cm

20cm

※Decovil接著襯參見P.53。

完成尺寸	材料	P.03_ NO.**03**
寬18.5×長9.5cm	**表布**（平織布）20cm×25cm	紅豆敷眼罩
原寸紙型	**裡布**（棉厚針織布）20cm×25cm	
A面	**乾燥紅豆** 適量	
	※眼罩是以微波爐加熱，表・裡布請務必使用棉布等耐熱的天然素材。	

⑤ 從返口將紅豆倒入裡本體＆裡本體之間。

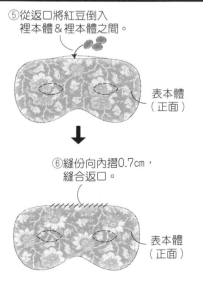

表本體（正面）

⑥ 縫份向內摺0.7cm，縫合返口。

表本體（正面）

1. 製作本體

返口8cm

② 車縫。

0.7

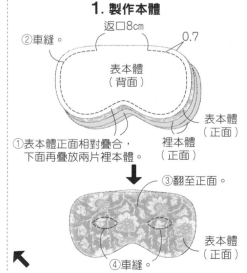

表本體（背面）

表本體（正面）

裡本體（正面）

① 表本體正面相對疊合，下面再疊放兩片裡本體。

③ 翻至正面。

④ 車縫。

表本體（正面）

裁布圖

表・裡布（正面）
※裡布裁法相同。

表・裡本體

表・裡本體

25cm

20cm

完成尺寸	材料
寬12.5×長10×側身9cm	表布（平織布）35cm×40cm
	裡布（平織布）35cm×40cm
原寸紙型	接著鋪棉（硬）35cm×40cm
無	接著襯（薄）35cm×40cm

P.05_ NO.06
布盒

2. 套疊表本體＆裡本體

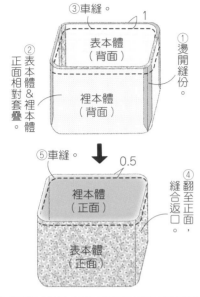

③車縫。
①燙開縫份。
②正面相對套疊表本體＆裡本體。
表本體（背面）
裡本體（背面）

⑤車縫。 0.5
裡本體（正面）
表本體（正面）
④翻至正面，縫合返口。

1. 製作表本體＆裡本體

①在四個角剪切口。 0.8
②邊與邊正面相對。
裡本體（背面）

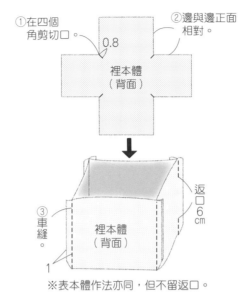

③車縫。
裡本體（背面）
返口6cm
1

※表本體作法亦同，但不留返口。

裁布圖

※標示尺寸已含縫份。
※□處需於表本體背面燙貼接著鋪棉，裡本體背面燙貼接著襯。

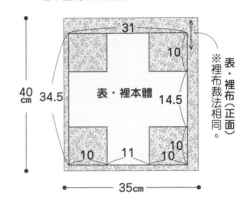

40cm
34.5
31
10
表‧裡本體
14.5
※表‧裡布裁法相同。（正面）
10 11 10
10
35cm

完成尺寸	材料
寬5.5×長4×側身3cm	表布（平織布）30cm×15cm
（提把10cm）	配布（平織布）15cm×15cm
原寸紙型	羊毛 適量
A面	

P.05_ NO.07
提籃型針插

③燙開縫份。
④對齊脇邊＆底中心線。
裡本體（背面）
⑤車縫。
⑥縫份倒向底側。
3cm
※另一側摺法亦同。

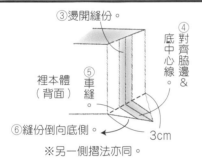

5. 套疊表本體＆裡本體

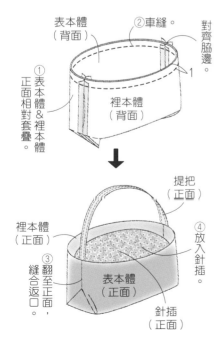

②車縫。
表本體（背面）
對齊脇邊
①正面相對套疊表本體＆裡本體。
裡本體（背面）
1

提把（正面）
裡本體（正面）
③翻至正面，縫合返口。
表本體（正面）
④放入針插。
針插（正面）

⑤燙開縫份。
⑥翻至正面。
表本體（正面）

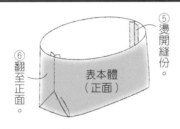

3. 接縫提把

①摺四摺。
提把（正面）
②車縫。
0.2

脇邊
0.5
③暫時車縫固定。
※另一側也同樣接縫提把。
表本體（正面）
提把（正面）

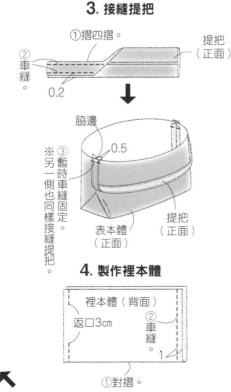

4. 製作裡本體

裡本體（背面）
返口3cm
②車縫。
1
①對摺。

裁布圖

※本體＆提把無原寸紙型，請依標示尺寸（已含縫份）直接裁剪。

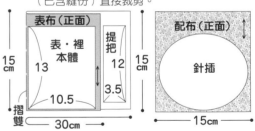

表布（正面）
表‧裡本體
13
提把
12
15cm
10.5 3.5
摺雙
30cm

配布（正面）
針插
15cm
15cm

1. 製作針插

①進行縮縫（2股線）。
0.3
針插（正面）
③塞入羊毛。
②拉緊縮縫線抽縮皺。
針插（正面）

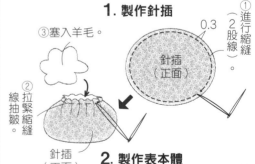

2. 製作表本體

表本體（正面）
②摺出摺痕。
1.5
①對摺（底中心）。

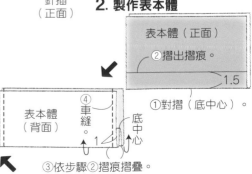

表本體（背面）
④車縫。
1
底中心
③依步驟②摺痕摺疊。

工具包

完成尺寸
寬38×長15×側身14cm

原寸紙型
A面

材料
表布（平織布）100cm×60cm
裡布（平織布）100cm×60cm／接著襯（薄）100cm×40cm
接著鋪棉（硬）85cm×35cm
VISLON拉鍊 30cm 1條／斜布條（寬）寬18mm 100cm

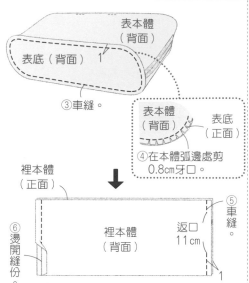

表本體（背面）
表底（背面）1
③車縫。

表本體（背面） 表底（正面）
④在本體弧邊處剪0.8cm牙口。

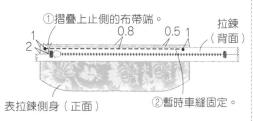

裡本體（正面）
⑥燙開縫份。
裡本體（背面）
返口 11cm
⑤車縫。
⑦依步驟③相同作法，接縫裡底。

4. 接縫拉鍊

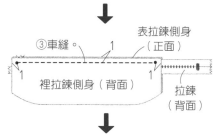

①摺疊上止側的布帶端。
拉鍊（背面）
0.8 0.5
表拉鍊側身（正面）
②暫時車縫固定。

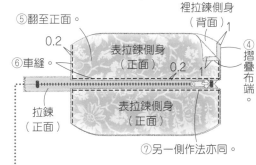

③車縫。
表拉鍊側身（正面）
裡拉鍊側身（背面）
拉鍊（背面）

⑤翻至正面。
裡拉鍊側身（背面）
④摺疊布端。
⑥車縫。
表拉鍊側身（正面）0.2
表拉鍊側身（正面）
拉鍊（正面）
⑦另一側作法亦同。

⑧接縫拉鍊尾片。

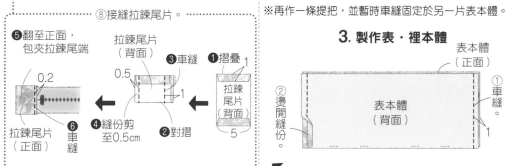

❺翻至正面，包夾拉鍊尾端。
拉鍊尾片（背面）
❸車縫
❶摺疊
0.2 0.5
拉鍊尾片（正面）
❻車縫
❹縫份剪至0.5cm
❷對摺
拉鍊尾片（背面）

1. 製作外口袋

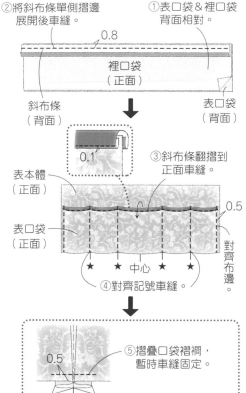

②將斜布條單側摺邊展開後車縫。
①表口袋＆裡口袋背面相對。
0.8
裡口袋（正面）
斜布條（背面）
表口袋（背面）
0.1
③斜布條翻摺到正面車縫。
表本體（正面）
0.5
表口袋（正面）
④對齊記號車縫。
★ ★ 中心 ★ ★
對齊布邊

⑤摺疊口袋褶襉，暫時車縫固定。
0.5 ★ 0.5

※另一片作法亦同。

2. 製作提把

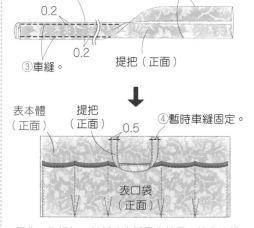

②對摺。
①摺往中央接合。
0.2
0.2
③車縫。
提把（正面）

表本體（正面） 提把（正面）
0.5
④暫時車縫固定。
表口袋（正面）

※再作一條提把，並暫時車縫固定於另一片表本體。

3. 製作表・裡本體

②燙開縫份。
表本體（正面）
表本體（背面）
①車縫。

※表・裡本體＆表・裡口袋無原寸紙型，請參見以下的製圖（已含縫份）。
※Ⅰ處需加上合印。

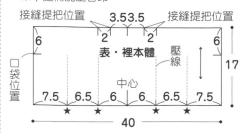

接縫提把位置 3.5 3.5 接縫提把位置
6 2 2 6
口袋位置
表・裡本體 壓線 17
7.5 6.5 6 6 6.5 7.5
中心
★ ★ ★ ★
40

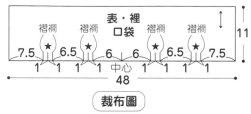

表・裡口袋
褶襉 褶襉 褶襉 褶襉
7.5 ★ 6.5 ★ 6 6 ★ 6.5 ★ 7.5
1 1 1 1 中心 1 1 1 1
48
11

裁布圖

※提把・拉鍊尾片無原寸紙型，請依標示尺寸（已含縫份）直接裁剪。
※ ▨ 處需於背面燙貼接著襯，□ 處需於背面燙貼接著鋪棉。

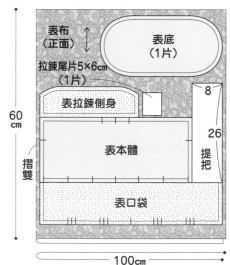

表布（正面）
表底（1片）
拉鍊尾片5×6cm（1片）
表拉鍊側身
表本體
表口袋
60cm
摺雙
8
26
提把
100cm

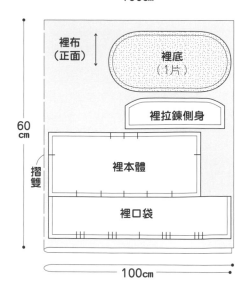

裡布（正面）
裡底（1片）
裡拉鍊側身
裡本體
裡口袋
60cm
摺雙
100cm

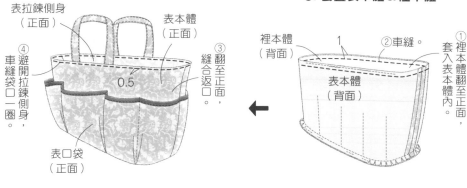

表拉鍊側身（正面）　表本體（正面）
④避開拉鍊側身，車縫袋口一圈。
③縫合返口。
0.5
表口袋（正面）

裡本體（背面）
1
②車縫。
表本體（背面）
①裡本體翻至正面，套入表本體內。

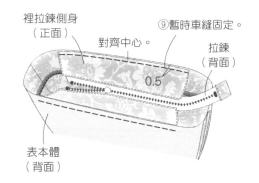

裡拉鍊側身（正面）　對齊中心。　⑨暫時車縫固定。
拉鍊（背面）
0.5
表本體（背面）

完成尺寸
寬20×長9×側身8cm
（提把12cm）

原寸紙型
A面

材料
表布（平織布）55cm×35cm／裡布（平織布）50cm×35cm
接著襯（薄）55cm×35cm／接著鋪棉（硬）50cm×35cm
鈕釦 2.7cm 1顆
磁釦（手縫式）10mm 1組

P.05_No.05
包中包

---

5. 套疊表本體＆裡本體

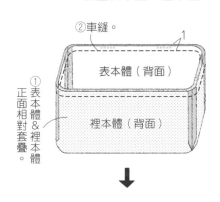

②車縫。
1
表本體（背面）
裡本體（背面）
①表本體＆裡本體正面相對套疊。

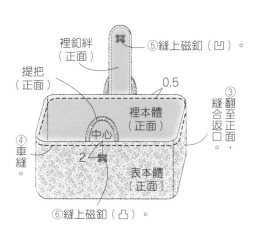

裡釦絆（正面）
⑤縫上磁釦（凹）。
提把（正面）
0.5
裡本體（正面）
中心
③翻至正面，縫合返口。
④車縫。
2
表本體（正面）
⑥縫上磁釦（凸）。

表釦絆（正面）
裡本體（正面）
2
表本體（正面）
⑦縫上鈕釦。

3. 製作表·裡本體

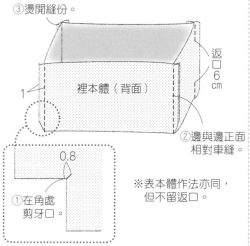

③燙開縫份。
返口6cm
裡本體（背面）
1
②邊與邊正面相對車縫。
0.8
①在角處剪牙口。
※表本體作法亦同，但不留返口。

4. 接縫提把＆釦絆

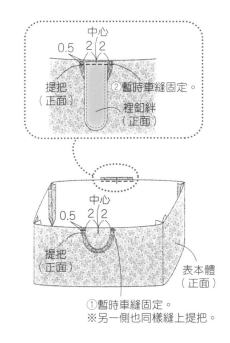

中心
0.5 2 2
提把（正面）
②暫時車縫固定。
裡釦絆（正面）

中心
0.5 2 2
提把（正面）
表本體（正面）
①暫時車縫固定。
※另一側也同樣縫上提把。

（裁布圖）

※表·裡本體＆提把無原寸紙型，請依標示尺寸（已含縫份）直接裁剪。
※ ▨ 處需於背面燙貼接著襯，□ 處需於背面燙貼接著鋪棉。

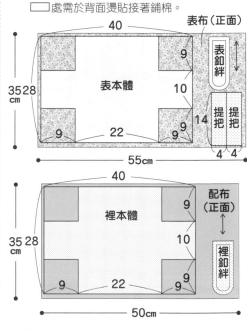

表布（正面）
40
9
表釦絆
35 28 cm
表本體
10
14
提把　提把
9
22
9
4 4
55cm

配布（正面）
40
9
裡本體
10
35 28 cm
裡釦絆
9
22
9
50cm

1. 製作提把

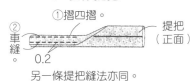

①摺四摺。
②車縫。
提把（正面）
0.2
另一條提把縫法亦同。

2. 製作釦絆

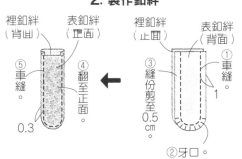

裡釦絆（背面）　表釦絆（正面）
裡釦絆（正面）　表釦絆（背面）
⑤車縫。
④翻至正面。
③縫份剪至0.5cm
①車縫。
1
②牙口。
0.3

完成尺寸	材料（■…S・■…M・■…L・■…通用）	P.03_ No.02	
寬18×長13cm	表布A・B（平織布）20cm×25cm・30cm×40cm		
寬25×長19.5cm	・40cm×50cm 各1片	雙層波奇包S	
寬33×長24cm	裡布A・B（平織布）20cm×25cm・30cm×40cm	P.33_ No.36	
原寸紙型	・40cm×50cm 各1片		
No.02・No.36S：A面	接著襯（厚）40cm×25cm・60cm×40cm・80cm×50cm	雙層波奇包S・M・L	
No.36M・L：B面	塑膠四合釦 13mm 1組		

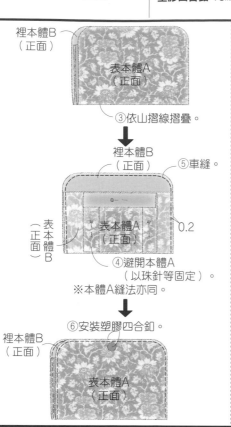

裡本體B（正面）
表本體A（正面）
③依山摺線摺疊。
裡本體B（正面）
⑤車縫
表本體A・B（正面）
0.2
④避開本體A（以珠針等固定）。
※本體A縫法亦同。
⑥安裝塑膠四合釦。
裡本體B（正面）
表本體A（正面）

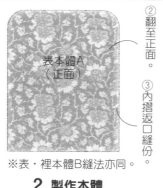

表本體A（正面）
②翻至正面。
③內摺返口縫份。
※表・裡本體B縫法亦同。

2. 製作本體

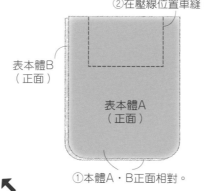

②在壓線位置車縫。
表本體B（正面）
表本體A（正面）
①本體A・B正面相對。

裁布圖
※ ■…S・■…M・■…L・■…通用
※ ▨▨處需沿背面的完成線燙貼接著襯（僅表本體）。

25 40 50 cm
表・裡本體A・B
50・30・40cm

※表・本體A・B、裡本體A・B各裁剪1片。
No.36的AB布與裡布相同。
表・裡本體A・B（正面）↑

1. 製作本體A・B

①車縫。
表本體A（正面）
裡本體A（背面）
1
返口 8cm

完成尺寸	材料	P.05_ No.08	
寬19×長9cm	表布（平織布）15cm×30cm		
	裡布（平織布）15cm×30cm／不織布（白色）10cm×10cm	針線包	
原寸紙型	接著鋪棉（薄）15cm×30cm		
A面	暗釦 8mm 1組／木串珠 6mm 1顆		

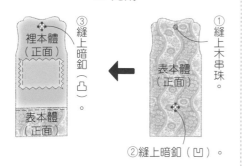

⑧翻至正面，縫合返口。
⑦在弧邊處縫份剪牙口，並修剪成0.5cm。
裡本體（正面）針插（正面）
⑥車縫
表本體（背面）
返口 5cm
①的針趾
⑤依摺痕摺疊。
1
裡本體（正面）針插（正面）
表本體（正面）

1. 接縫針插

裡本體（正面）
針插（正面）
①車縫。
0.5 0.5

裁布圖
※ ▢處需於背面燙貼接著鋪棉。

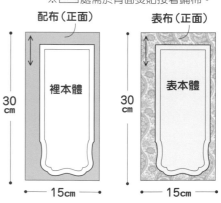

配布（正面）
30 cm
裡本體
15cm

表布（正面）
30 cm
表本體
15cm

3. 完成

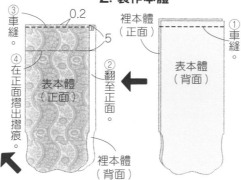

③縫上暗釦（凸）。
裡本體（正面）
①縫上木串珠。
表本體（正面）
②縫上暗釦（凹）。
③車縫。0.2
④在正面摺出摺痕。
5
裡本體（正面）
②翻至正面。
表本體（正面）
裡本體（背面）

2. 製作本體

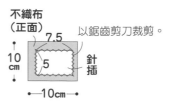

裡本體（正面）
①車縫。
5
表本體（背面）

不織布（正面）
10 cm
7.5
5
針插
10cm
以鋸齒剪刀裁剪。

70

完成尺寸	材料
寬12×長10.5cm	表布（平織布）20cm×15cm
	裡布（平織布）45cm×25cm
原寸紙型	接著鋪棉（薄）25cm×25cm／接著襯（薄）25cm×25cm
A面	羅紋緞帶 寬1cm 10cm
	塑膠四合釦 13mm 1組

P.06_ No.09
三角波奇包

2. 疊合表本體＆裡本體

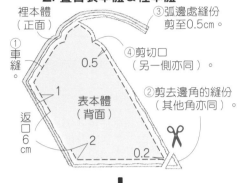

裡本體（正面）
① 車縫。
③ 弧邊處縫份剪至0.5cm。
④ 剪切口（另一側亦同）。
0.5
1
② 剪去邊角的縫份（其他角亦同）。
返口6cm
表本體（背面）
2
0.2

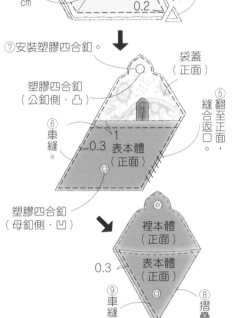

⑦ 安裝塑膠四合釦。
塑膠四合釦（公釦側・凸）
袋蓋（正面）
⑥ 車縫。
塑膠四合釦（母釦側・凹）
1
0.3
表本體（正面）
⑤ 縫合返口。
翻至正面，縫合返口。

裡本體（正面）
0.3
表本體（正面）
⑨ 車縫。
⑧ 摺疊。

⑤ 剪去突出的縫份。
袋蓋（背面）
④ 燙開縫份。
表本體（背面）

✂

⑦ 描繪弧邊完成線。
⑥ 燙貼接著鋪棉（依裡本體的紙型裁剪）。
厚紙
接著鋪棉
袋蓋（背面）
表本體（背面）

原寸紙型　完成線
弧邊處，需將原寸紙型的完成線複寫於厚紙，裁下後描繪完成線。

裁布圖

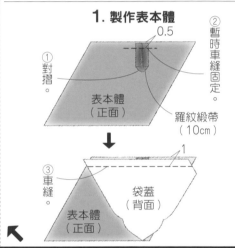

15cm
袋蓋
表布（正面）
20cm
※ ▨處需於背面燙貼接著襯。

裡布（正面）
25cm
裡本體
表本體
45cm

1. 製作表本體

0.5
① 對摺。
② 暫時車縫固定。
表本體（正面）
羅紋緞帶（10cm）

1
③ 車縫。
袋蓋（背面）
表本體（正面）

完成尺寸	材料（ ▨…No.13・ ■…No.22・ ■…通用）
寬10×長10cm	表布（牛津布）15cm×15cm・50cm×35cm
寬45×長30cm	裡布（11號帆布）15cm×15cm・50cm×35cm
原寸紙型	皮革 5cm×5cm
無	

P.12_ No.13 杯墊
P.17_ No.22 餐墊

1. 製作本體

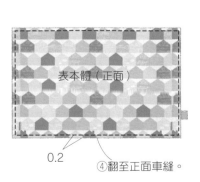

表本體（正面）
0.2
④ 翻至正面車縫。

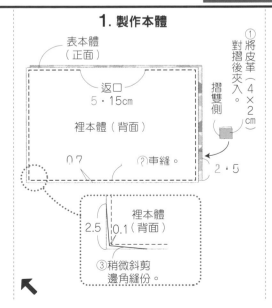

表本體（正面）
返口 5・15cm
裡本體（背面）
0.7
② 車縫。
① 將皮革對摺後夾入（4×2cm）。
摺雙側
2・5

2.5
0.1
裡本體（背面）
③ 稍微斜剪邊角縫份。

裁布圖

※ ▨…No.13・ ■…No.22・ ■…通用
※ 標示的尺寸已含縫份。

11.4
15cm
表・裡本體
11.4
表・裡布（正面）
※ 裡布裁法相同。
15cm

46.4
35cm
31.4
表・裡本體
50cm
表・裡布（正面）
※ 裡布裁法相同。

氣球束口包S・M

完成尺寸
S…寬34×長20×直徑10cm
M…寬44×長25×直徑13cm

原寸紙型
A面

材料(■…S・■…M)

表布a（平織布）25cm×25cm・30cm×35cm
表布b（平織布）25cm×25cm・30cm×35cm
表布c（平織布）25cm×25cm・30cm×35cm
裡布（平織布）75cm×55cm・100cm×65cm
紐繩 粗5mm 180cm・220cm

※除了表・裡底之外皆無原寸紙型，
　請依標示尺寸（已含縫份）直接裁剪。
※■…S・■…M・■…共用

裁布圖

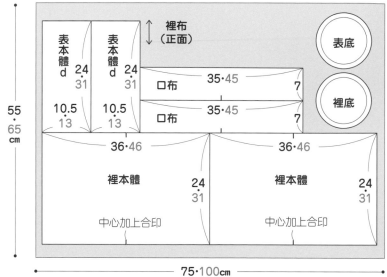

裡布（正面）
表本體 d 24/31
表本體 d 24/31
表底
裡底
口布 35・45 7
口布 35・45 7
10.5/13 10.5/13
36・46 36・46
裡本體 24・31
裡本體 24・31
中心加上合印 中心加上合印
55・65 cm
75・100cm

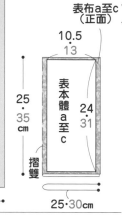

※依序裁剪：
　表布a→表本體a
　表布b→表本體b
　表布c→表本體c

表布a至c（正面）
10.5/13
表本體a至c 24・31
25・35 cm
摺雙
25・30cm

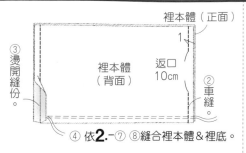

裡本體（正面）
1
裡本體（背面）
返口 10cm
③燙開縫份。
②車縫。
④依2.-⑦ ⑧縫合裡本體&裡底。

3. 接縫口布

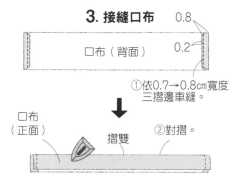

口布（背面） 0.8 / 0.2
①依0.7→0.8cm寬度三摺邊車縫。
口布（正面）
摺雙
②對摺。
※另一片作法亦同。

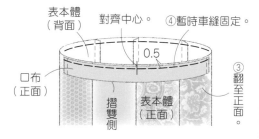

表本體（背面）
對齊中心。
④暫時車縫固定。
0.5
口布（正面）
摺雙側
表本體（正面）
③翻至正面。

4. 套疊表本體&裡本體

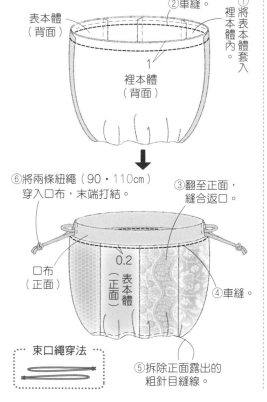

表本體（背面）
②車縫。
①將表本體套入裡本體內。
裡本體（背面）
1
⑥將兩條紐繩（90・110cm）穿入口布，末端打結。
③翻至正面，縫合返口。
口布（正面）
表本體（正面）
0.2
④車縫。
⑤拆除正面露出的粗針目縫線。

束口繩穿法

1. 製作表本體

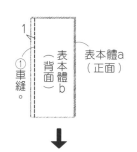

表本體a
表本體b
1
①車縫。
表本體（背面）
②以相同作法將a至d接縫成1片。

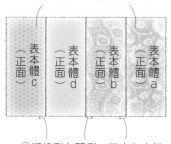

表本體c（正面）
表本體d（正面）
表本體b（正面）
表本體a（正面）
③縫份倒向單側，但方向交錯。

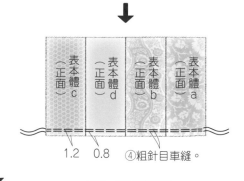

表本體c（正面）
表本體d（正面）
表本體b（正面）
表本體a（正面）
1.2 0.8 ④粗針目車縫。
※另一組作法亦同。

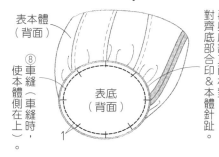

表本體（正面）
1
⑥燙開縫份。
⑤車縫。
表本體（背面）

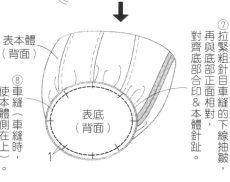

表本體（背面）
⑦拉緊粗針目車縫的下線抽皺，再與底部正面相對，對齊底部合印&本體針趾。
⑧車縫（車縫時，使本體側在上）。
表底（背面）
1

2. 製作裡本體

裡本體（正面）
1.2 0.8 ①粗針目車縫。
※另一片縫法亦同。

圓底拉鍊波奇包

完成尺寸
寬約24×長約11×側身9cm

原寸紙型
A面

材料
表布（平織布）85cm×40cm
裡布（平織布）60cm×40cm／接著鋪棉（薄）60cm×40cm
金屬拉鍊 20cm 1條／流蘇裝飾 約8cm 1個
單圈 內徑8mm 1個／木珠 約18mm 1顆

⑦縫份倒向本體側。
※拉開拉鍊。

返口
8cm
裡本體（背面）
表本體（正面）
裡本體（正面）
表本體（背面）
⑧各自表本體＆裡本體正面相對。
⑨車縫。

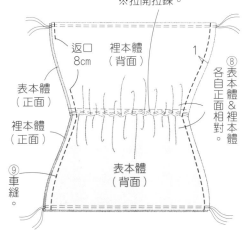

3. 接縫底部

裡本體（背面）
表本體（背面）
①燙開縫份。
③在上車縫（木體）側車縫。
表底（背面）
②拉緊粗針目車縫的下線抽皺，再與底部正面相對，對齊底部合印、本體脇邊與中心。

※表本體＆表底縫法亦同。

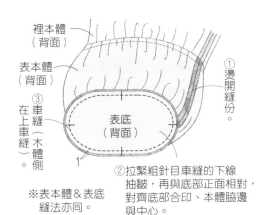

④翻至正面，縫合返口。

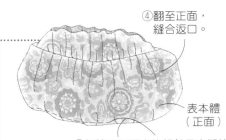

表本體（正面）

⑤拆除正面露出的粗針目車縫線

流蘇裝飾
木珠
⑥先將流蘇繩帶穿入木珠，再穿進單圈內。
⑦穿入拉鍊的拉片。

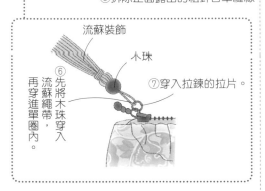

23
②拉緊上線抽皺。
表本體（正面）

※另一片表本體＆兩片裡本體作法亦同。

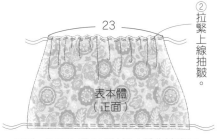

0.3
對齊中心。
③暫時車縫固定。
拉鍊（正面）
荷葉邊（正面）

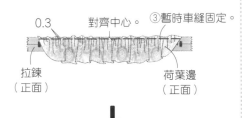

④拉鍊＆表本體正面相對，暫時車縫固定。
0.8 0.5
（背面）拉鍊
表本體（正面）

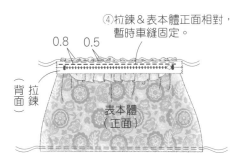

⑤與裡本體正面相對車縫。
1
裡本體（背面）
表本體（正面）

⑥依③至⑤相同作法，在拉鍊另一側縫上荷葉邊＆本體。

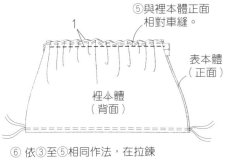

裁布圖

※表・裡本體無原寸紙型，請依標示尺寸（已含縫份）直接裁剪。
※ □ 處需於背面燙貼接著鋪棉。

37
表本體 17
表本體 17
40cm
表底
荷葉邊
表布（正面）
中心加上合印
85cm

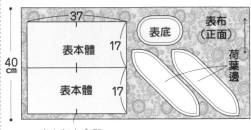

37
裡本體 17
裡本體 17
40cm
裡布（正面）
裡底
中心加上合印
60cm

1. 製作荷葉邊

荷葉邊（正面）0.3 0.5
②粗針目車縫。
①對摺。

20
荷葉邊（正面）
③拉緊上線抽皺。

2. 製作本體

0.8 1.2
①粗針目車縫。
表本體（正面）

完成尺寸	材料
寬30×長37cm	表布（平織布）90cm×50cm
原寸紙型	裡布（平織布）40cm×110cm
無	羅紋緞帶 寬2.6cm 70cm
	布徽章 直徑2cm 1片

3. 製作裡本體

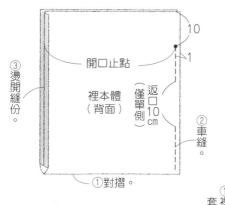

開口止點
裡本體（背面）
10
1
③ 燙開縫份。
（返口10cm 僅單側）
② 車縫。
① 對摺。

4. 套疊表本體＆裡本體

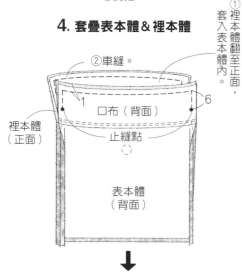

② 車縫。
① 裡本體翻至正面，套入表本體內。
1
口布（背面）
6
裡本體（正面）
止縫點
表本體（背面）

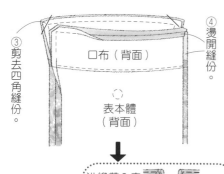

③ 剪去四角縫份。
口布（背面）
④ 燙開縫份。
表本體（背面）

沿緞帶＆表本體交接的邊緣車縫。
6
在開口止點進行2至3針回針縫。

束口繩穿法

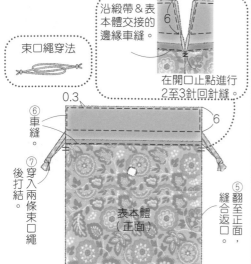

0.3
⑥ 車縫。
6
⑦ 後穿入打結兩條束口繩
表本體（正面）

2. 製作表本體

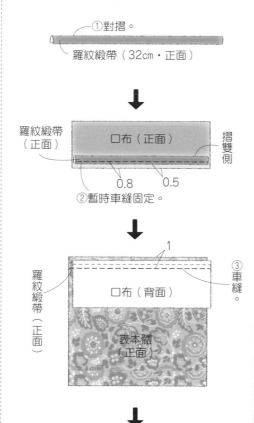

① 對摺。
羅紋緞帶（32cm・正面）

羅紋緞帶（正面）
口布（正面）
摺雙側
0.8 0.5
② 暫時車縫固定。

1
羅紋緞帶（正面）
口布（背面）
③ 車縫。
表本體（正面）

口布（正面）
中心
5.5
⑤ 縫上布徽章。
表本體（正面）
④ 縫份倒向表本體側。

※另一片也依①至④縫製。

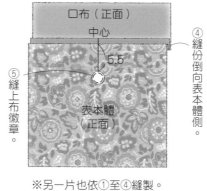

口布（正面）
口布（背面）
10
開口止點
表本體（背面）
1
⑦ 縫份只燙開表本體
⑤ 翻至正面，縫合返口。
⑥ 車縫。

裁布圖

※標示的尺寸已含縫份。

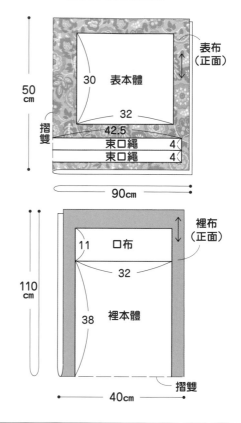

50cm
30 表本體 表布（正面）
32
42.5
摺雙
束口繩 4
束口繩 4
90cm

裡布（正面）
11 口布
32
110cm
38 裡本體
摺雙
40cm

1. 製作束口繩

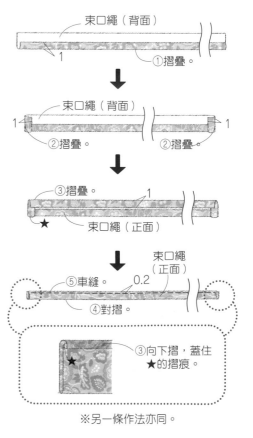

束口繩（背面）
1
① 摺疊。

束口繩（背面）
1 1
② 摺疊。 ② 摺疊。

③ 摺疊。
1
★
束口繩（正面）

束口繩（正面）
⑤ 車縫。
0.2
④ 對摺。

★
③ 向下摺，蓋住★的摺痕。

※另一條作法亦同。

74

<table>
<tr><td>

完成尺寸

No.14：寬22×長13×側身4cm
No.19：寬22×長15cm

原寸紙型

C面

</td><td>

材料

表布（11號帆布）25cm×40cm
裡布（棉布）25cm×40cm
拉鍊 20cm 1條
接著襯（厚）25cm×5cm／皮革 寬2.5cm 10cm

</td><td>

P.12_ No.**14**
拉鍊波奇包（側身打角）
P.15_ No.**19**
拉鍊波奇包（側身圓角）

</td></tr>
</table>

2. 製作裡本體

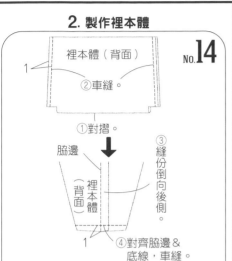

No.**14**

裡本體（背面）
1
②車縫。

①對摺。

脇邊

縫份倒向後側。

裡本體（背面）

1

③

④對齊脇邊＆底線，車縫。

※另一側縫法亦同。

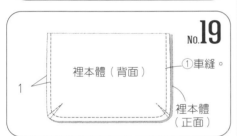

No.**19**

裡本體（背面）

①車縫。

1

裡本體（正面）

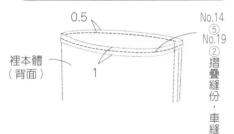

No.14
No.19

0.5

裡本體（背面）

1

⑤
②摺疊縫份，車縫。

3. 套疊表・裡本體

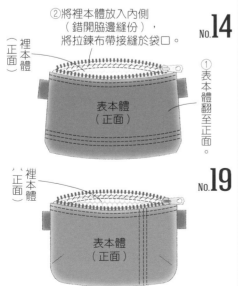

②將裡本體放入內側（錯開脇邊縫份），將拉鍊布帶接縫於袋口。

No.**14**

裡本體（正面）

①表本體翻至正面。

表本體（正面）

No.**19**

裡本體（正面）

表本體（正面）

No.19作法亦同

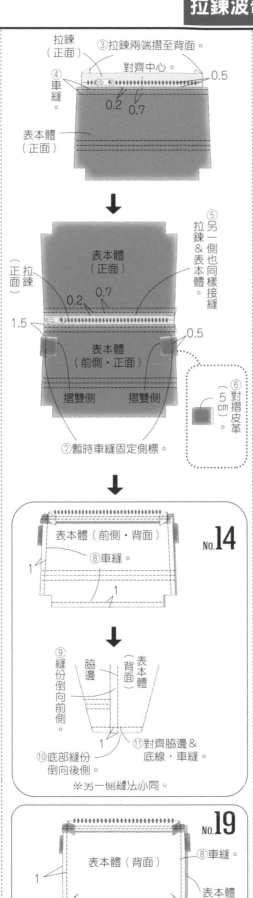

拉鍊（正面）
③拉鍊兩端摺至背面。
對齊中心。

④車縫。

0.5
0.2　0.7

表本體（正面）

⑤另一側也同樣接縫拉鍊＆表本體。

正面 拉鍊

1.5

0.2　0.7

0.5

表本體（前側・正面）

摺雙側　　摺雙側

⑥對摺皮革。
5cm

⑦暫時車縫固定側標。

表本體（前側・背面）

No.**14**

⑧車縫。

1

⑨縫份倒向前側。

脇邊

表本體（背面）

1

⑩底部縫份倒向後側。

⑪對齊脇邊＆底線，車縫。

※另一側縫法亦同。

表本體（背面）

No.**19**

⑧車縫。

1

表本體（正面）

（裁布圖）

No.**14** ※□處需於背面燙貼接著襯。

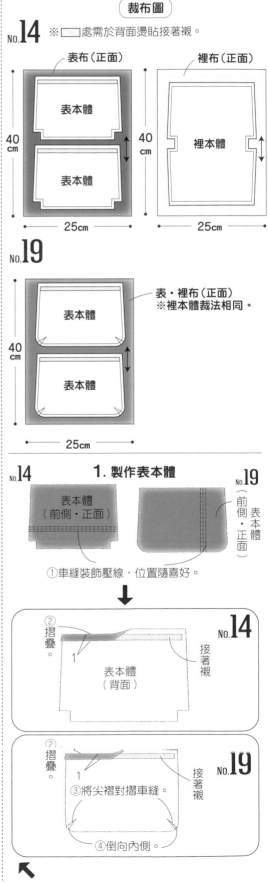

表布（正面）
表本體
表本體
40cm
25cm

裡布（正面）
裡本體
40cm
25cm

No.**19**

表・裡布（正面）
※裡本體裁法相同。

表本體
表本體
40cm
25cm

1. 製作表本體

No.14

表本體（前側・正面）

No.19

表本體（前側・正面）

①車縫裝飾壓線，位置隨喜好。

②摺疊
1

No.**14**

表本體（背面）

接著襯

?摺疊
1

No.**19**

③將尖褶對摺車縫。

接著襯

④倒向內側。

完成尺寸	材料
寬38×長23.5×側身17cm（提把27cm）	表布（11號帆布）95cm×75cm
原寸紙型	人字帶 寬2cm 60cm
無	固定釦（釦頭0.9cm 釦腳0.9cm）4組

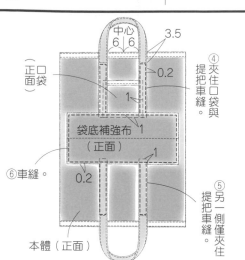

中心
6│6
3.5
0.2
1
④夾住口袋車縫。
（正口面袋）
提把車縫。
袋底補強布1（正面）
1
⑥車縫。
0.2
⑤另一側僅夾住提把車縫。
本體（正面）

2. 製作口袋

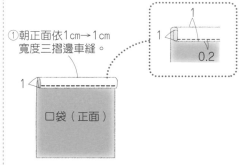

①朝正面依1cm→1cm寬度三摺邊車縫。
1
0.2
1
口袋（正面）

3. 製作本體

①摺疊。
袋底補強布（背面）
1
1

②朝正面依1.5cm→1.5cm寬度三摺邊車縫。
0.2
1.5
（正面）0.2

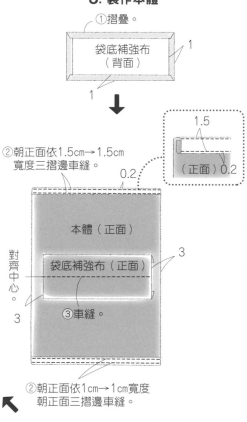

對齊中心。
本體（正面）
袋底補強布（正面）
3
3
③車縫。

②朝正面依1cm→1cm寬度朝正面三摺邊車縫。

4. 縫合脇邊

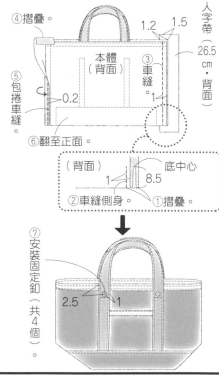

④摺疊。
1.2
1.5
人字帶26.5cm・背面
④摺疊。
本體（背面）
③車縫。1
⑤包捲車縫。
0.2
⑥翻至正面。

（背面）
底中心
1
8.5
②車縫側身。
①摺疊。

⑦安裝固定釦（共4個）
2.5
1

裁布圖

※標示的尺寸已含縫份。

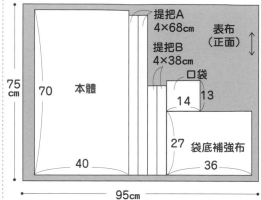

提把A 4×68cm
提把B 4×38cm
表布（正面）
口袋
75cm
70
本體
14 13
27 袋底補強布
40
36
95cm

1. 製作提把

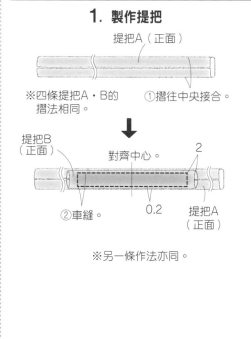

提把A（正面）
①摺往中央接合。
※四條提把A・B的摺法相同。

提把B（正面）
對齊中心。
2
②車縫。
0.2
提把A（正面）

※另一條作法亦同。

完成尺寸	材料
直徑15cm	表布（牛津布）20cm×20cm
原寸紙型	裡布（11號帆布）20cm×20cm
C面	鋪棉（厚）40cm×20cm
	皮革 1.5cm×10cm

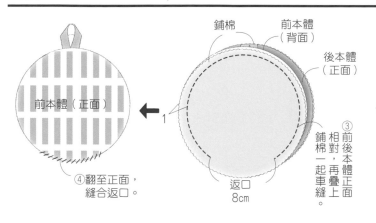

鋪棉
前本體（背面）
後本體（正面）
前本體（正面）
1
③前後本體正面相對，再疊上鋪棉一起車縫。
返口8cm
④翻至正面，縫合返口。

1. 製作本體

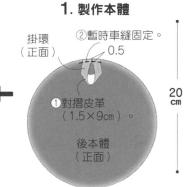

掛環（正面）
②暫時車縫固定。
0.5
①對摺皮革（1.5×9cm）。
後本體（正面）

裁布圖

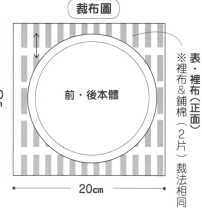

前・後本體
20cm
※表・裡布&鋪棉（正面）（2片）裁法相同。
20cm

完成尺寸
寬30×長35cm

原寸紙型
C面

材料
表布（羊毛布）110cm×45cm
裡布（棉布）70cm×30cm
接著襯（厚）70cm×45cm

P.15_ NO.17
圓形包

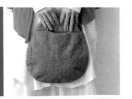

3. 製作裡本體

① 依**2.**-①車縫尖褶。

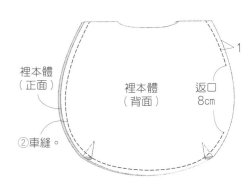

裡本體
（正面）

裡本體
（背面）

返口
8cm

1

②車縫。

4. 套疊表本體&裡本體

②將表本體套入
裡本體內。

③車縫。

①燙開縫份。

1

裡本體（背面）

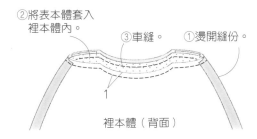

表提把
（正面）

④翻至正面，縫合返口。

表本體（正面）

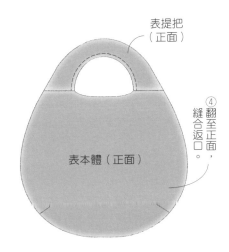

2. 製作表本體

表本體（背面）

①將尖褶對摺車縫後，使縫份倒向內側。

表本體
（背面）

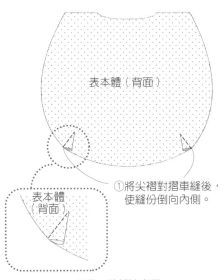

※另一片縫法亦同。

表本體
（正面）

1

表本體（背面）

③翻至正面。

②車縫

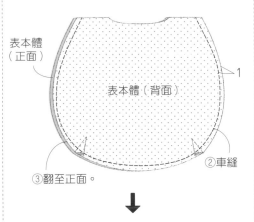

④暫時車縫固定。

0.5

裡提把
（正面）

表本體
（正面）

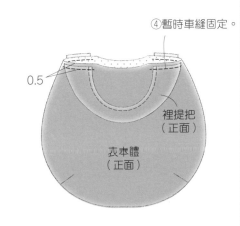

裁布圖

※▨▨處需於背面燙貼接著襯。

表提把

表布
（正面）

45
cm

摺雙

表本體

裡提把

110cm

30
cm

摺雙

裡本體

裡布
（正面）

70cm

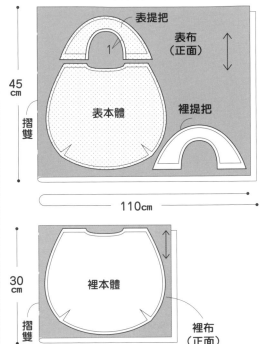

1. 製作提把

①車縫。

表提把
（背面）

裡提把
（正面）

1

接著襯

②於弧邊處剪0.8cm牙口。

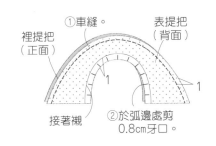

⑤車縫。

表提把
（正面）

③翻至正面。

0.2

1

④內摺縫份，對齊弧邊。

※另一條提把縫法亦同。

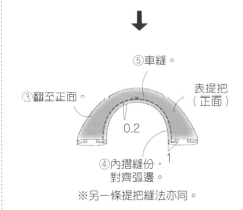

完成尺寸	材料	
寬41×長35×側身13cm	**表布**（棉麻布）100cm×40cm	

原寸紙型
無

材料
表布（棉麻布）100cm×40cm
配布（11號帆布）35cm×20cm／**皮革** 5cm×5cm
裡布（平織布）100cm×55cm
杉綾帶 寬3.8cm 110cm

P.17_ NO.21
購物托特包

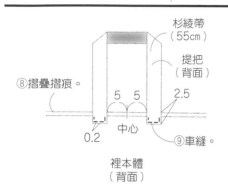

⑧摺疊摺痕。

杉綾帶（55cm）
提把（背面）

5　5　2.5
0.2
中心
⑨車縫。

裡本體（背面）

※另一側也同樣縫上提把。

↓

裡本體（正面）
⑫對齊袋口車縫。
⑪將裡本體套入表本體內。
⑩表本體翻至正面，內摺袋口縫份。
0.2

表本體（正面）

---

1. 製作本體

②摺疊。
※另一片＆裡本體摺法亦同。

中心
0.7
0.2
6
③車縫。
皮標（正面）
表本體（正面）

①打洞，大小隨喜好。
皮標（皮革・5cm×3cm）

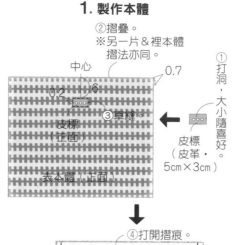

↓

④打開摺痕。

表本體（正面）
表本體（背面）
⑥燙開縫份。
⑤車縫。
0.7

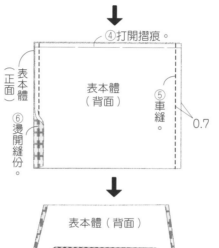

↓

表本體（背面）
表底（背面）
0.7

⑦參見P.16，對齊表本體＆表底車縫。

※裡本體＆裡底也依④至⑦縫合。

裁布圖

※標示的尺寸已含縫份。
※Ｉ處需加上合印。

表布（正面）

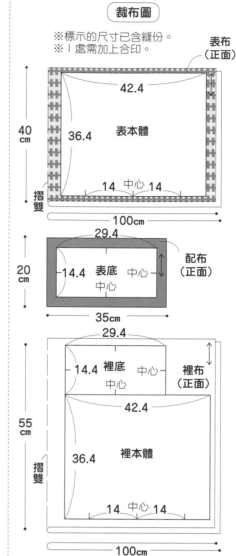

42.4
36.4
40cm
表本體
14 中心 14
摺雙
100cm

配布（正面）
29.4
14.4 表底 中心
中心
20cm
35cm

裡布（正面）
29.4
14.4 裡底 中心
中心
42.4
36.4
裡本體
55cm
摺雙
14 中心 14
100cm

完成尺寸	材料	
寬14×長9cm	**表布**（牛津布）25cm×15cm	

原寸紙型
無

材料
表布（牛津布）25cm×15cm
配布（皮革）10cm×5cm

P.13_ NO.15
隨身面紙套

---

②摺往中央接合。

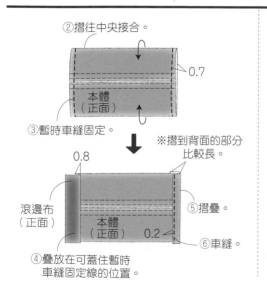

0.7
本體（正面）
③暫時車縫固定。

↓

0.8
滾邊布（正面）
本體（正面）
0.2
④疊放在可蓋住暫時車縫固定線的位置。

---

1. 製作本體

①依1cm→1cm寬度三摺邊車縫。
0.5 0.2
1
1
（背面）

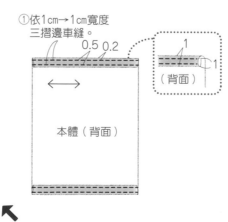

本體（背面）
↔
⑤摺疊。
※摺到背面的部分比較長。
⑥車縫。
本體（背面）

裁布圖

※標示的尺寸已含縫份。

表布（正面）

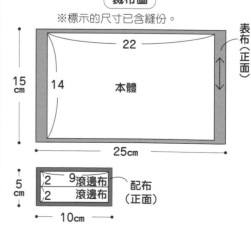

22
15cm
14
本體
25cm

配布（正面）
2　9 滾邊布
2　滾邊布
5cm
10cm

78

材料
表布（牛津布）110cm×30cm
配布（麻布）105cm×40cm／裡布（棉布）108cm×40cm
接著襯（Swany Soft）92cm×50cm
鋁框口金・方型（寬21cm 高9cm）1個
皮革提把（寬2cm 40cm）1組／皮革手縫線 適量

P.18_ No.23
球型鋁框口金包

④手縫固定皮革提把。
皮革提把
表本體（正面）
⑤縫合返口。

5. 安裝口金

①穿入鋁框口金。
口布（正面）
裡本體（正面）
⑤縫合返口。
表本體（正面）

鋁框口金安裝方式

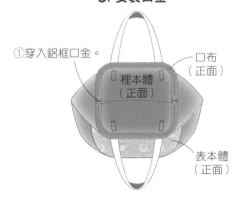

口布（正面）
口金
裡本體（正面）
合頁卡榫

①打開口金，取下螺絲。將口金內側朝向裡本體，由較窄的合頁卡榫端穿進口布。

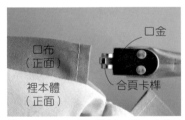

裡本體（背面）
長螺栓
合頁卡榫

②筆直地對齊口金合頁卡榫，從外側插入長螺栓。

裡本體（背面）
短螺栓

③從內側插入短螺栓，鎖緊固定。另一側也同樣鎖緊固定。

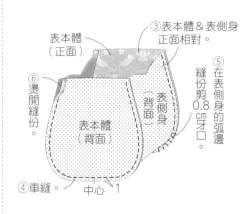

③表本體＆表側身正面相對。
表本體（正面）
表側身（背面）
⑥燙開縫份。
表本體（背面）
表側身（背面）
⑤在表側身的弧邊縫份剪0.8 cm牙口。
④車縫。
中心 1

⬇

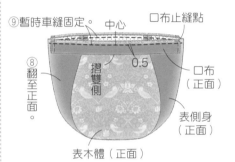

⑨暫時車縫固定。
中心
口布止縫點
⑧翻至正面。
口布（正面）
摺雙側
0.5
口布（正面）
表側身（正面）
表本體（正面）

3. 製作裡本體

① 依**2.**-①②相同作法車縫裡側身。

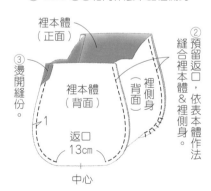

裡本體（正面）
裡側身（背面）
③燙開縫份。
裡本體（背面）
②預留返口，縫合裡本體＆裡側身，依表本體作法。
1
返口 13cm
中心

4. 套疊表本體＆裡本體

①將表本體套入裡本體內。

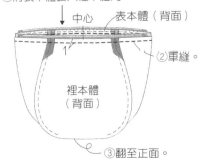

中心
表本體（背面）
②車縫。
1
裡本體（背面）
③翻至正面。

掃QR Code 看作法影片！

https://youtu.be/KmiYTv5Ecx8

裁布圖

※ ▭ 處需於背面燙貼接著襯。
（接著襯布紋改為橫向⟷疊放燙貼）

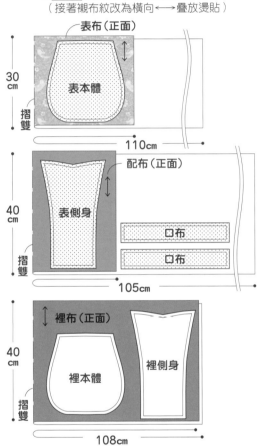

表布（正面）
表本體
30cm
摺雙
110cm

配布（正面）
表側身
口布
口布
40cm
摺雙
105cm

裡布（正面）
裡本體
裡側身
40cm
摺雙
108cm

1. 製作口布

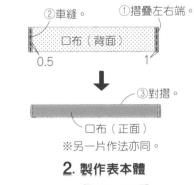

②車縫。
①摺疊左右端。
口布（背面）
0.5
1

⬇

③對摺。
口布（正面）
※另一片作法亦同。

2. 製作表本體

表側身（正面）
表側身（背面）
②燙開縫份。
①車縫。
1

完成尺寸	材料
寬13.5×長18×側身6cm	表布（牛津布）110cm×25cm
原寸紙型	裡布（平織布）90cm×25cm
C面	接著襯 110cm×25cm
	口金（寬13.5cm）1個／D型環 15mm 2個

---

4. 套疊表本體＆裡本體

裡本體（背面）
②表本體＆裡本體正面相對套疊。
③車縫
0.5
對齊脇邊。
表本體（背面）
①縫份倒向脇邊側。

④將紙繩剪成與兩鉚釘之間距離等長。
※共準備2條

⑤紙繩疊放在袋口縫份上，止縫5個位置。
對齊中心。
表本體（背面）
※另一側也同樣縫上紙繩。

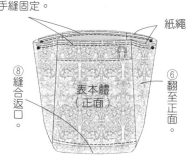

⑦沿著紙繩邊緣手縫固定。
紙繩
⑧縫合返口
表本體（正面）
⑥翻至正面

左欄上方：
裡本體（背面）
脇邊
③燙開縫份。
④對齊脇邊＆底線，車縫。
※另一側縫法亦同。

---

2. 製作表本體

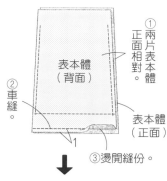

①兩片表本體正面相對。
②車縫。
表本體（背面）
表本體（正面）
③燙開縫份。

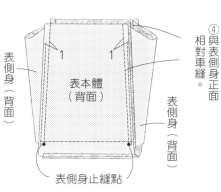

表側身（背面）
表本體（背面）
④與表側身正面相對車縫。
表側身（背面）
表側身止縫點

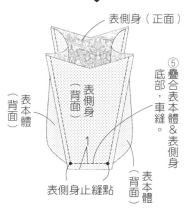

表側身（正面）
表本體（背面）
表側身（背面）
⑤疊合表本體＆表側身底部，車縫。
表本體（背面）
表側身止縫點
※另一側縫法亦同。

3. 製作裡本體

裡本體（背面）
①車縫。
返口10cm
裡本體（正面）
②車縫。

掃QR Code 看作法影片！
https://youtu.be/Ku8bK3YegH0

裁布圖
※吊耳無原寸紙型，請依標示尺寸（已含縫份）直接裁剪。
※ ▢ 處需於背面燙貼接著襯。

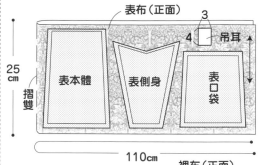

表布（正面）
表本體　表側身　表口袋　吊耳
25cm　摺雙　110cm

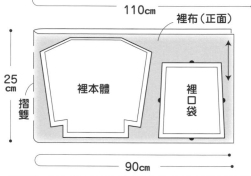

裡布（正面）
裡本體　裡口袋
25cm　摺雙　90cm

1. 製作吊耳

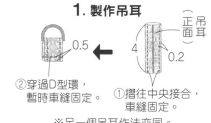

②穿過D型環，暫時車縫固定。
①摺往中央接合，車縫固定。
正面 吊耳
※另一個吊耳作法亦同。

2. 縫上口袋

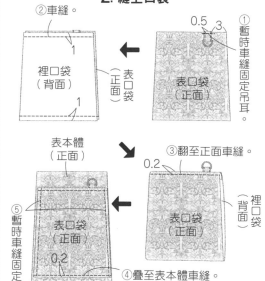

②車縫。
裡口袋（背面）
表口袋（正面）
①暫時車縫固定吊耳。
③翻至正面車縫。
④疊至表本體車縫。
⑤暫時車縫固定
表口袋（正面）
裡口袋（背面）
※另一片縫法亦同。

80

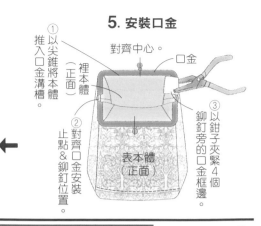

5. 安裝口金

①以尖錐將本體推入口金溝槽。

對齊中心。

口金

裡本體（正面）

②對齊口金安裝止點&鉚釘位置。

③以鉗子夾緊鉚釘旁的口金框邊，鉚釘夾緊4個口金框邊。

表本體（正面）

---

④將本體從口金框拆離。

③夾緊的位置，

⑤在口金溝槽塗入白膠，以牙籤或竹籤抹勻。

※除了步驟③

表本體（正面）

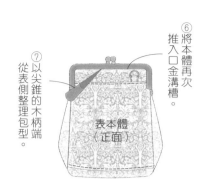

⑥將本體再次推入口金溝槽。

⑦從表側以尖錐的木柄端整理包型。

表本體（正面）

完成尺寸	材料
寬31×長28×側身15cm	**表布**（牛津布）110cm×90cm
原寸紙型	**裡布**（麻布）105cm×90cm
C面	**接著襯**（軟）92cm×90cm
	皮革條 寬2cm 100cm／**皮繩** 寬0.3cm 20cm
	鈕釦 2.9cm 1顆／**底板** 45cm×15cm

P.19_ №.24
梯型托特包

脇邊

表本體（背面）

⑥燙開縫份。

1

⑦對齊脇邊&底線，車縫。

※另一側&裡本體也同樣車縫側身。

⑪剪成圓角。

底板

14

41

⑨使裡本體露出表側1cm。

⑧翻至正面。

裡本體（背面）

⑩車縫。

避開提把

0.2

表本體（正面）

⑫從返口放入底板，並縫合返口。

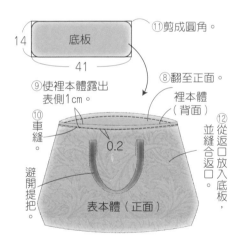

2.5

1.5

中心

表本體・後側（正面）

⑬對摺皮繩（20cm）後車縫固定。

⑭縫上鈕釦。

表本體・前側（正面）

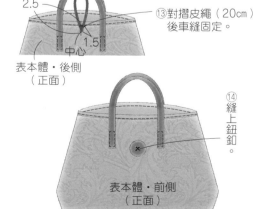

---

1. 接縫提把

正面提把

①接縫提把

皮革條（50cm・2條）

表本體（正面）

※另一片也同樣接縫提把。

2. 疊合表本體&裡本體

1

②車縫

※車縫時要避開提把。

①表本體&裡本體正面相對。

表本體（正面）

裡本體（背面）

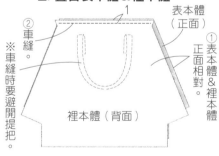

※另一組表本體&裡本體作法亦同。

1

表本體（正面）

表本體（背面）

1

④表本體&裡本體各自正面相對。

⑤車縫。

③縫份倒向裡本體側。

裡本體（背面）

裡本體（正面）

返口15cm

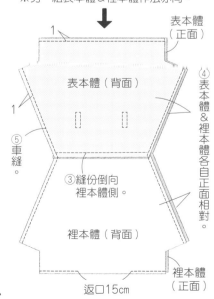

掃QR Code
看作法影片！
https://youtu.be/MXNTl5G9QrQ

裁布圖

※ ▢ 處需於背面燙貼接著襯。

表布（正面）

90cm

表本體

110cm

摺雙

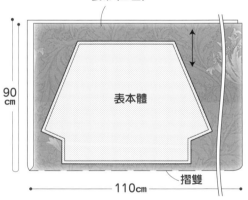

裡布（正面）

90cm

裡本體

105cm

摺雙

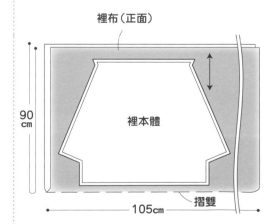

81

完成尺寸	材料（■…M・■…S・■…通用）	
寬32×長19×側身15cm（提把23cm） 寬28×長14.5×側身12cm（提把20cm）	**表布**（上綿8號帆布）96cm×55cm・96cm×50cm ※若想對接花色，布料需多備一些。	

完成尺寸
寬32×長19×側身15cm
（提把23cm）
寬28×長14.5×側身12cm
（提把20cm）

原寸紙型
A面

材料（■…M・■…S・■…通用）

表布（上綿8號帆布）96cm×55cm・96cm×50cm
※若想對接花色，布料需多備一些。

裡布（棉厚織79號）112cm×65cm・112cm×50cmm

接著襯（中厚）35cm×20cm・30cm×15cm

P.27_ No.28
束口工具包 M・S

M
S

※ ▨▨ 處需於背面完成線內燙貼接著襯。

裁布圖

※除了表・裡底之外皆無原寸紙型，請依標示尺寸（已含縫份）直接裁剪。
※■…M・■…S・■…通用
※ Ｉ 處需加上合印

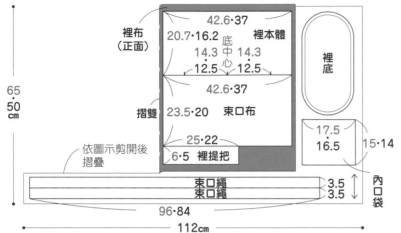

裡布（正面）

42.6・37
20.7・16.2　裡本體
14.3 底中心 14.3
12.5・12.5

42.6・37
23.5・20　束口布

25・22
6・5　裡提把

裡底

17.5・16.5

15・14

65・50 cm

束口繩 3.5
束口繩 3.5

96・84

112cm

內口袋

依圖示剪開後摺疊

摺雙

18.5・14
52.6 5・47 5

42.6・37
21・16.5　表本體
14.3 底中心 14.3
12.5・12.5

21・16.5　表本體
14.3 底中心 14.3
12.5・12.5

25・22　6・5 表提把
6・5 表提把

表底

55・50 cm

外口袋

表布（正面）

96cm

---

1. 製作提把＆束口繩

3・2.5　表提把（正面）

①兩端摺往中央接合。

3・2.5　裡提把（正面）

裡提把（背面）　0.2　②對合表・裡提把的縫份側，車縫固定。

表提把（正面）　0.2

※另一條作法亦同。

③摺疊兩端。

束口繩（背面）
1　1

④摺四摺車縫。

0.9　0.2　束口繩（正面）

※另一條作法亦同。

2. 製作外口袋

外口袋（正面）　①朝正面依1.2cm→1.2cm寬度三摺邊車縫。

1.2　1.2　0.2

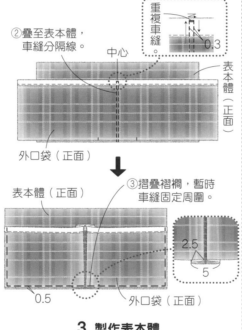

②疊至表本體，車縫分隔線。

重複車縫。　0.3

中心

表本體（正面）

外口袋（正面）

③摺疊褶襇，暫時車縫固定周圍。

表本體（正面）

2.5　5

外口袋（正面）

0.5

3. 製作表本體

裡提把（正面）
4.5 4.5　4　4　0.5

中心　①暫時車縫固定。

表本體（正面）

※另一片也同樣接縫提把。

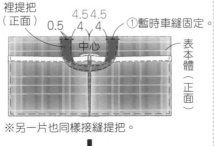

表本體（正面）

③燙開縫份。

②車縫兩脇邊。

表本體（背面）

1

---

⑤與表底正面相對車縫。

表底（背面）

1

⑥燙開縫份。

表底（背面）

④在表本體圓弧處的縫份剪0.8cm牙口。

對齊合印。

4. 製作裡本體

內口袋（背面）
0.7　0.7
②摺疊

①朝正面依1cm→1cm寬度三摺邊車縫。

1　0.2　1　內口袋（正面）

中心

重複車縫。　0.5

・4.2

裡本體（正面）　內口袋（正面）　0.5

③車縫。

④依 3.-②③ 將兩片裡本體正面相對，車縫兩脇邊。

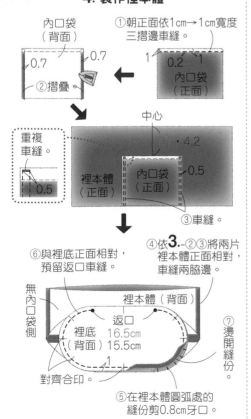

⑥與裡底正面相對，預留返口車縫。

無內口袋側

裡本體（背面）

返口 16.5cm・15.5cm

裡底（背面）

對齊合印。

1

⑦燙開縫份。

⑤在裡本體圓弧處的縫份剪0.8cm牙口。

82

7. 完成

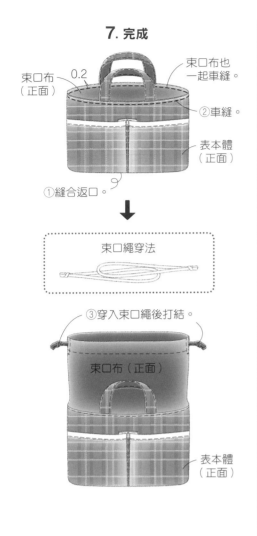

束口布也一起車縫。
束口布（正面） 0.2
②車縫。
表本體（正面）
①縫合返口。

束口繩穿法

③穿入束口繩後打結。
束口布（正面）
表本體（正面）

6. 套疊表本體&裡本體

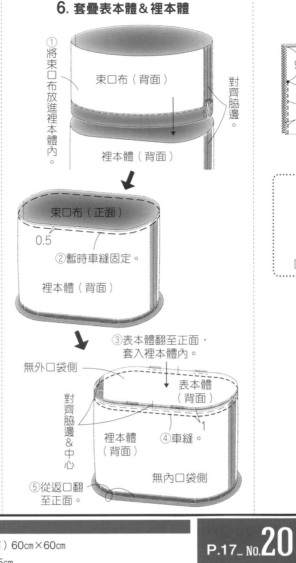

①將束口布放進裡本體內。
束口布（背面）
裡本體（背面）
對齊脇邊。

束口布（正面）
0.5
②暫時車縫固定。
裡本體（背面）

③表本體翻至正面，套入裡本體內。
無外口袋側
表本體（背面）
對齊脇邊&中心
裡本體（背面）
④車縫。 1
無內口袋側
⑤從返口翻至正面。

5. 製作束口布

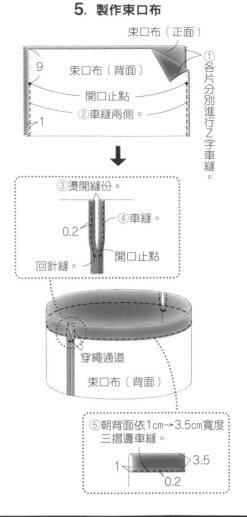

束口布（正面）
9
束口布（背面）
開口止點
②車縫兩側。
1
①各片分別進行Z字車縫。

③燙開縫份。
0.2
④車縫。
回針縫
開口止點

穿繩通道
束口布（背面）

⑤朝背面依1cm→3.5cm寬度三摺邊車縫。
1 3.5
0.2

完成尺寸	材料	
寬24×長20cm	**表布**（11號帆布）60cm×60cm	P.17_No.**20**
原寸紙型	**皮繩** 寬0.8cm 45cm	**工具袋**
無		

2. 製作本體

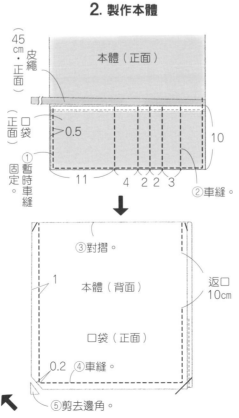

⑥翻至正面。
0.2 0.2
本體（正面）
⑦車縫。
皮繩（背面）

45cm·皮繩（正面）
本體（正面）
正面 口袋
0.5
①暫時車縫固定。
10
11 4 2 2 3
②車縫。

③對摺。
本體（背面）
1
返口10cm
口袋（正面）
0.2 ④車縫。
⑤剪去邊角。

裁布圖

※標示的尺寸已含縫份。

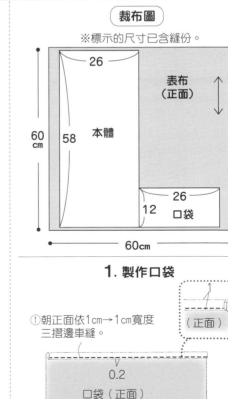

26
表布（正面）
60cm
58
本體
26
12 口袋
60cm

1. 製作口袋

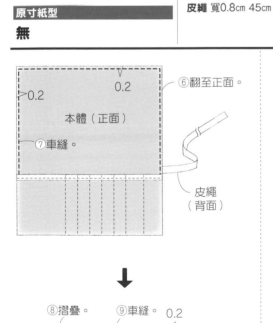

⑧摺疊。 ⑨車縫。 0.2
本體（正面）
8

①朝正面依1cm→1cm寬度三摺邊車縫。
1
（正面）
0.2
口袋（正面）

完成尺寸
寬27×長27×側身15cm
（提把24・22cm/60cm）

原寸紙型
無

材料（ ■…四股辮提袋・ ■…兩用提袋・ ■…通用）
表布（10號石蠟加工帆布）75cm×50cm
配布A（SAORI織布）30cm×50cm／接著襯（中厚）50cm×30cm
配布B（11號帆布）80cm×35cm・80cm×20cm
配布C（11號帆布）65cm×25cm
裡布（棉厚織79號）112cm×50cm／磁釦 18mm 1組

3. 製作表本體

【四股辮提袋】

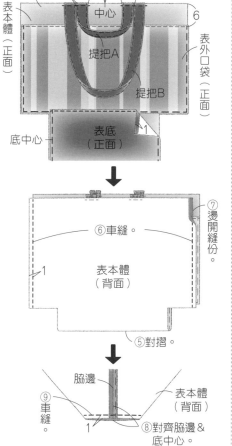

安裝磁釦側
1　4.5 4.5
中心　0.5
0.5
提把
表外口袋（正面）
0.2
中對心齊底
0.5　表底（正面）　1
0.2
③暫時車縫固定。
表本體（正面）
提把
中心　0.5
1　4.5 4.5
④暫時車縫固定。

①暫時車縫固定將外口袋疊至表本體周圍。
②摺疊表底的長邊側縫份，疊至表本體車縫。

【兩用提袋】
依①至③四股辮提袋的作法製作。
④暫時車縫固定。
※另一側縫法亦同。

安裝磁釦側
0.5　4.5 4.5
中心
表本體（正面）
提把A
提把B
表外口袋（正面）
1　底中心
表底（正面）　1
6

⑦燙開縫份。
⑥車縫。
表本體（背面）
1
⑤對摺。

脇邊
⑨車縫。
表本體（背面）
1
⑧對齊脇邊&底中心。
※另一側的側身縫法亦同。

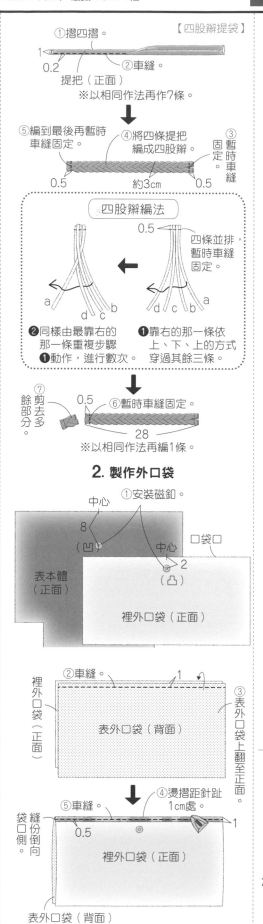

①摺四摺。
1　0.2
②車縫。
提把（正面）
※以相同作法再作7條。

⑤編到最後再暫時車縫固定。
④將四條提把編成四股辮。
0.5　約3cm　0.5
③暫時車縫固定。

四股辮編法
0.5　四條並排，暫時車縫固定。
a d c b　d c b a
❷同樣由最靠右的那一條重複步驟❶動作，進行數次。
❶靠右的那一條依上、下、上的方式穿過其餘三條。

⑦餘部分剪去多。
0.5　⑥暫時車縫固定。
28
※以相同作法再編1條。

2. 製作外口袋

①安裝磁釦。
中心　8
（凹）
中心　口袋口
2（凸）
表本體（正面）
裡外口袋（正面）

②車縫。　1
裡外口袋（正面）
表外口袋（背面）
③表外口袋上翻至正面
④燙摺距針趾1cm處。

⑤車縫。　1
袋口縫份側倒向。　0.5
裡外口袋（正面）
表外口袋（背面）

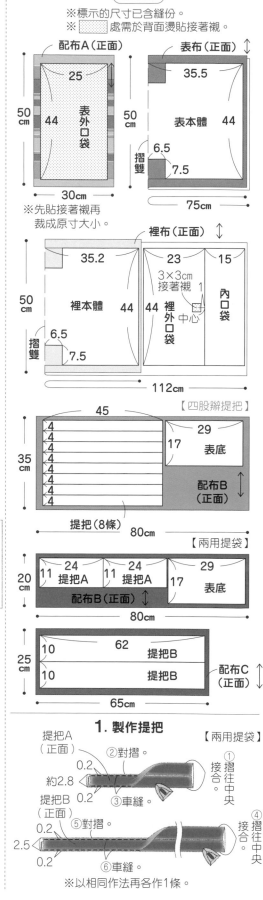

裁布圖
※標示的尺寸已含縫份。
※　□　處需於背面燙貼接著襯。

配布A（正面）
25　50cm　44　表外口袋
6.5　摺雙　7.5
30cm

表布（正面）
35.5　50cm　表本體　44
6.5　7.5
75cm
※先貼接著襯再裁成原寸大小。

裡布（正面）
35.2　23　15
3×3cm接著襯　中心
50cm　裡本體　44　44　裡外口袋　內口袋
6.5　摺雙　7.5
112cm

【四股辮提把】
45　29
4×8　35cm　17　表底
配布B（正面）
提把（8條）　80cm

【兩用提袋】
24　24　29
20cm　11 提把A　11 提把A　17 表底
配布B（正面）
80cm

10　62　提把B
25cm
10　提把B
配布C（正面）
65cm

1. 製作提把

提把A（正面）
②對摺。
0.2
①摺往中央
約2.8
提把B（正面）　0.2　③車縫。

2.5　0.2
⑤對摺。
④摺往中央
⑥車縫。
※以相同作法再各作1條。

84

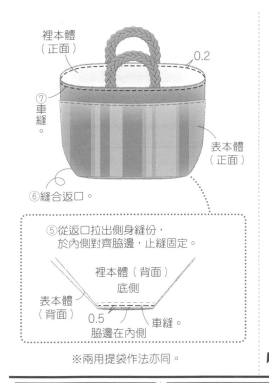

裡本體（正面）

0.2

⑦車縫。

表本體（正面）

⑥縫合返口。

⑤從返口拉出側身縫份，於內側對齊脇邊，止縫固定。

裡本體（背面）底側

表本體（背面）

0.5

脇邊在內側

車縫。

※兩用提袋作法亦同。

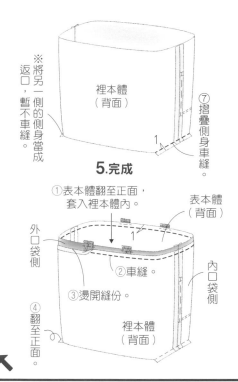

※將另一側的側身當成返口，暫不車縫。

裡本體（背面）

⑦摺疊側身車縫。

1

5.完成

①表本體翻至正面，套入裡本體內。

外口袋側

②車縫。

③燙開縫份。

內口袋側

④翻至正面。

表本體（背面）

1

裡本體（背面）

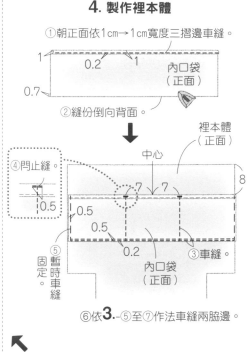

4.製作裡本體

①朝正面依1cm→1cm寬度三摺邊車縫。

1

0.2

1

0.7

內口袋（正面）

②縫份倒向背面。

④閂止縫

0.5

裡本體（正面）

中心

8

0.5

0.5

0.2

7　7

⑤暫時車縫固定

內口袋（正面）

③車縫。

⑥依3.-⑤至⑦作法車縫兩脇邊。

完成尺寸	材料	
寬20×長16×側身13cm	表布（防水布）110cm×30cm	**P.20_ NO.26**
原寸紙型	拉鍊 20cm 1條	**方底波奇包**
C面	羅紋緞帶 寬1.5cm 15cm	
	疏縫膠帶（布用雙面膠）寬3mm 適量	

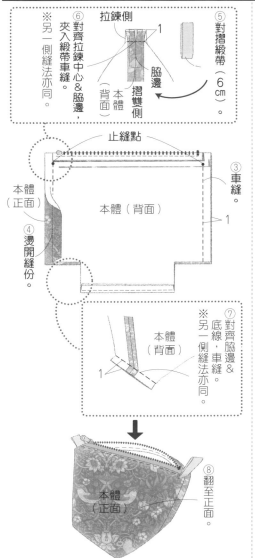

⑥對齊拉鍊中心&脇邊，夾入緞帶車縫。

※另一側縫法亦同。

拉鍊側

1

⑤對摺緞帶（6cm）。

脇邊

本體（背面）

摺雙側

止縫點

本體（正面）

③車縫。

本體（背面）

1

④燙開縫份。

⑦對齊脇邊&底線，車縫。

※另一側縫法亦同。

本體（背面）

1

本體（正面）

⑧翻至正面。

②摺疊&貼合。 0.7

本體（背面）

③貼上拉鍊。

拉鍊（正面）

對齊中心。0.3

④車縫。

本體（正面）

※另一側的本體&拉鍊縫法亦同。

2.製作本體

本體（正面）

本體（背面）

①車縫。

本體（背面）

②縫份倒向單側車縫。

0.3

本體（背面）

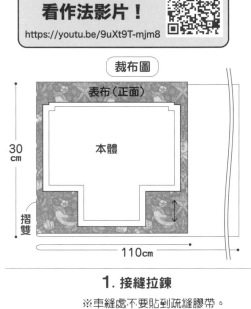

掃QR Code 看作法影片！

https://youtu.be/9uXt9T-mjm8

裁布圖

表布（正面）

30cm

本體

摺雙

110cm

1.接縫拉鍊

※車縫處不要貼到疏縫膠帶。

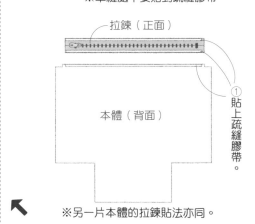

拉鍊（正面）

本體（背面）

①貼上疏縫膠帶。

※另一片本體的拉鍊貼法亦同。

完成尺寸
寬26×長23×側身6cm

原寸紙型
A面

材料
表布（羊毛布）60cm×35cm／裡布（棉布）90cm×35cm
配布（合成皮）60cm×25cm／接著襯（薄）60cm×35cm
附吊耳D型環 2cm 2個／書包釦 1組
附問號鉤合成皮肩背帶（寬2cm 長約80cm至140cm）1條

---

4. 接縫掀蓋

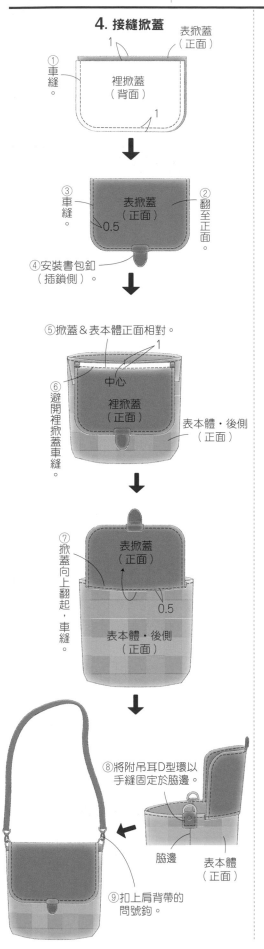

① 車縫。
表掀蓋（正面）
1
裡掀蓋（背面）
1

③ 車縫。
表掀蓋（正面）
② 翻至正面。
0.5
④ 安裝書包釦（插鎖側）。

⑤ 掀蓋＆表本體正面相對。
1
⑥ 避開裡掀蓋車縫。
中心
裡掀蓋（正面）
表本體・後側（正面）

⑦ 掀蓋向上翻起・車縫。
表掀蓋（正面）
0.5
表本體・後側（正面）

⑧ 將附吊耳D型環以手縫固定於脇邊。
脇邊
表本體（正面）
⑨ 扣上肩背帶的問號鉤。

---

2. 製作表・裡本體

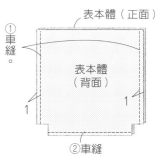

① 車縫。
表本體（正面）
表本體（背面）
1
1
② 車縫

※裡本體的脇邊預留8cm返口，其餘作法與表本體相同。

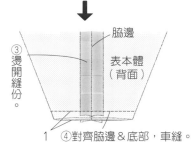

③ 燙開縫份。
脇邊
表本體（背面）
1
④ 對齊脇邊＆底部，車縫。

※表本體的另一側＆裡本體的縫法亦同。

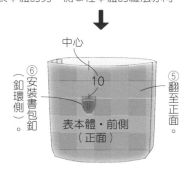

中心
⑥ 安裝書包釦（釦環側）。
⑤ 翻至正面。
10
表本體・前側（正面）

---

3. 套疊裡本體＆表本體

表本體（背面）
① 表本體＆裡本體正面相對套疊。
② 車縫。
1
裡本體（背面）

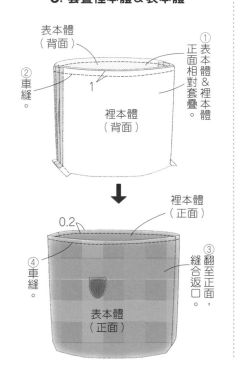

0.2
④ 車縫。
裡本體（正面）
③ 縫合返口翻至正面。
表本體（正面）

※表・裡本體＆內口袋無原寸紙型，請依標示尺寸（已含縫份）直接裁剪。
※ ▨ 處需於背面燙貼接著襯。

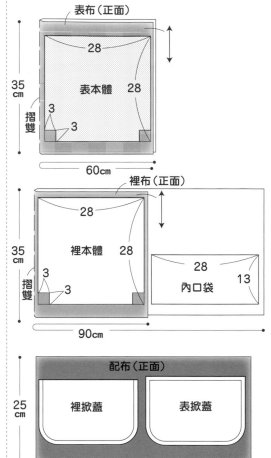

表布（正面）
28
表本體 28
35cm
摺雙
3
3
60cm

裡布（正面）
28
35cm
裡本體 28
3
3
摺雙
內口袋 28 13
90cm

配布（正面）
25cm
裡掀蓋
表掀蓋
60cm

---

1. 縫上內口袋

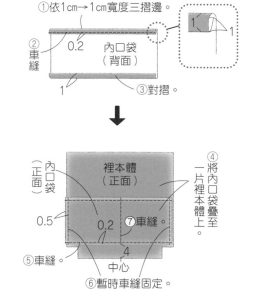

① 依1cm→1cm寬度三摺邊。
② 車縫
0.2
內口袋（背面）
1
③ 對摺。

④ 將內口袋疊至一片裡本體上。
裡本體（正面）
內口袋（正面）
0.5
0.2
⑦ 車縫。
⑤ 車縫
中心
⑥ 暫時車縫固定。
4

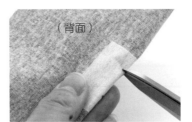

書包釦安裝方式

【插鎖側】

金屬夾片
（正面）
書包釦
（插鎖側）

①將插鎖的金屬夾片夾住掀蓋，以鉗子夾緊固定（墊上布以免刮傷）。

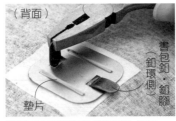

（背面）
書包釦・釦環側
釦腳
墊片

③從正面將釦環的釦腳插入切口，套入墊片後以鉗子將釦腳摺向外側。

（背面）

②將①記號線對摺，剪切口。

【釦環側】

（背面）
接著襯
墊片

①在安裝位置的背面燙貼3cm×3cm接著襯。將墊片置於安裝位置中央，畫線作記號。

完成尺寸
寬29×長15.5×側身8cm

原寸紙型
A面

材料
表布（羊羔絨）80cm×35cm
裡布（沙典布）100cm×30cm
接著襯（薄）10cm×15cm／D型環 1.5cm 2個
鋁框口金（寬21高10cm）1個
附問號鉤肩背帶（寬1.2cm 長100cm至115cm）1條

P.29_ No.30
羊羔絨
鋁框口金肩背包

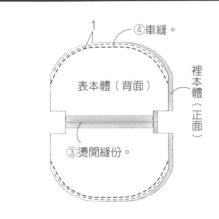

①
④車縫。
表本體（背面）
裡本體（正面）
③燙開縫份。

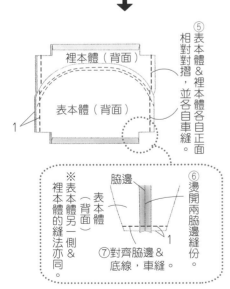

裡本體（背面）
表本體（背面）
1
⑤表本體＆裡本體各自正面相對對摺，並各自車縫。

脇邊
表本體（背面）
裡本體（背面）
⑥燙開兩脇邊縫份。
⑦對齊脇邊＆底線，車縫。
※表本體另一側＆裡本體的縫法亦同。

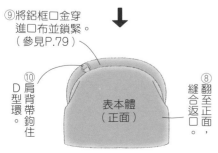

⑨將鋁框口金穿進口布並鎖緊。（參見P.79）
⑩D型肩背帶環鉤住。
⑧翻至正面，縫合返口。
表本體（正面）

---

①摺疊。
1
0.5
口布（背面）
0.5
②車縫。

↓

口布（正面）
③對摺。
④兩片一起Z字車縫。

↓

吊耳（正面）
口布（正面）
0.5
9
⑤暫時車縫固定。
※另一片作法亦同。

3. 製作本體

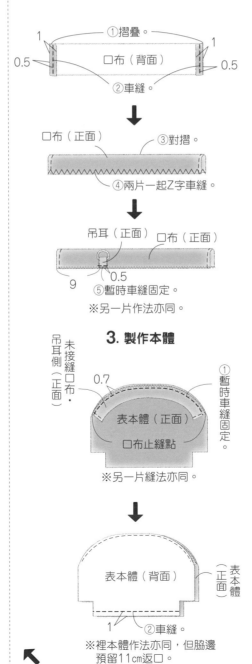

吊耳側（正面）
未接縫口布
0.7
表本體（正面）
口布止縫點
①暫時車縫固定。
※另一片縫法亦同。

↓

表本體（背面）
表本體（正面）
1
②車縫。
※裡本體作法亦同，但脇邊預留11cm返口。

裁布圖

※除了表・裡本體之外皆無原寸紙型，請依標示尺寸（已含縫份）直接裁剪。
※▨▨處需於背面燙貼接著襯。

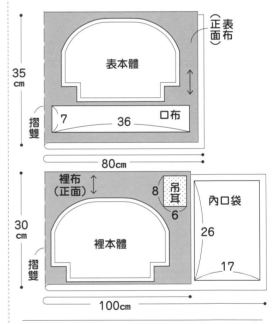

（正・表布面）
表本體
35cm
摺雙
7
36
口布
80cm

裡布（正面）
吊耳 8 6
內口袋
30cm
裡本體
26
17
摺雙
100cm

1. 製作內口袋

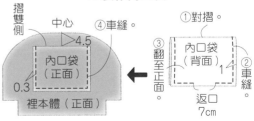

①對摺。
③翻至正面。
內口袋（背面）
②車縫。
1
返口7cm

摺雙側
中心
4.5
內口袋（正面）
④車縫。
0.3
裡本體（正面）

2. 製作吊耳＆口布

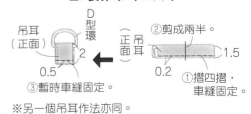

D型環
吊耳（正面）
2
0.5
③暫時車縫固定。

②剪成兩半。
正面 吊耳
1.5
0.2
①摺四摺，車縫固定。
※另一個吊耳作法亦同。

完成尺寸
寬28×長37×側身15cm

原寸紙型
A面

材料
表布（羊毛布）140cm×60cm／裡布（棉布）110cm×80cm
配布（合成皮）65cm×30cm／拉鍊 55cm 1條
接著襯（中薄）110cm×70cm／D型環 30mm 2個
日型環 30mm 2個／包包織帶 寬3cm 290cm
支架口金（寬24cm 高8.5cm）1組／彈簧壓釦 13mm 1組

---

4. 縫上口袋、口袋蓋與吊耳

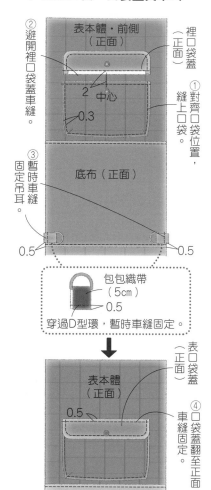

②避開裡口袋蓋車縫。
表本體・前側（正面）
裡口袋蓋（正面）
裡口袋蓋車縫。
2 中心
0.3
①對齊口袋位置，縫上口袋。
縫上口袋位置
③暫時車縫固定吊耳。
底布（正面）
0.5
0.5

包包織帶（5cm）
0.5
穿過D型環，暫時車縫固定。

表口袋蓋（正面）
表本體（正面）
0.5
④車縫固定。
④口袋蓋翻至正面，車縫固定。

5. 製作側身

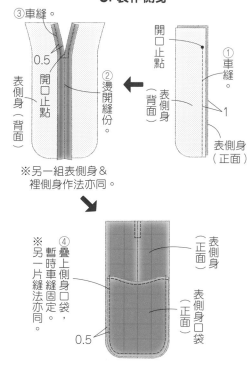

③車縫。
開口止點
0.5
開口止點
燙開縫份。
表側身（背面）
①車縫。
②燙開縫份。
表側身（背面）
1
表側身（正面）
1
※另一組表側身&裡側身作法亦同。

④暫時車縫固定。
表側身（正面）
※另一片縫法亦同。
疊上側身口袋，
表側身口袋（正面）
0.5

---

2. 製作口袋

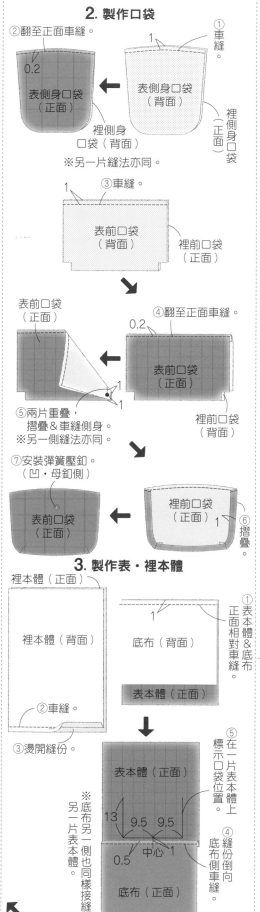

②翻至正面車縫。
0.2
表側身口袋（正面）
①車縫。
1
表側身口袋（背面）
裡側身口袋（正面）
裡側身口袋（背面）
※另一片縫法亦同。

③車縫。
1
表前口袋（背面）
裡前口袋（正面）

表前口袋（正面）
0.2
④翻至正面車縫。
表前口袋（正面）
1
1
⑤兩片重疊，摺疊&車縫側身。
※另一側縫法亦同。
裡前口袋（背面）

⑦安裝彈簧壓釦。（凹・母釦側）
表前口袋（正面）
裡前口袋（正面）
1
⑥摺疊。

3. 製作表・裡本體

裡本體（正面）
裡本體（背面）
底布（背面）
①車縫。
1
①表本體&底布正面相對車縫。
表本體（正面）
②車縫。
③燙開縫份。

表本體（正面）
13 9.5 9.5
0.5 中心 1
底布（正面）
※底布另一側也同樣接縫。
※另一片表本體另一側也同樣接縫。
⑤在一片表本體上標示口袋位置。
④縫份倒向底布側車縫。

※表・裡本體、拉鍊尾片及固定布皆無原寸紙型，請依標示尺寸（已含縫份）直接裁剪。
※ ▨ 處需於背面燙貼接著襯

表布（正面） ※將紙型翻面使用。
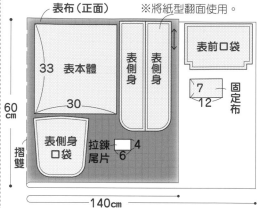

33 表本體
30
表側身
表側身
表前口袋
7 12 固定布
表側身口袋
拉鍊尾片 4 6
60cm
摺雙
140cm

裡布（正面） ※將紙型翻面使用。
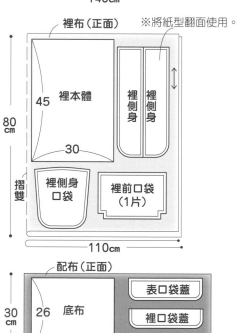

45 裡本體
30
裡側身
裡側身
裡側身口袋
裡前口袋（1片）
80cm
摺雙
110cm

配布（正面）
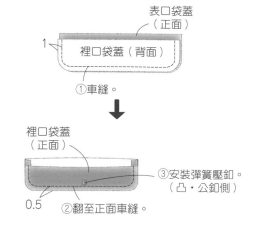

26 底布
30
表口袋蓋
裡口袋蓋
30cm
65cm

1. 製作口袋蓋

表口袋蓋（正面）
裡口袋蓋（背面）
1
①車縫。

裡口袋蓋（正面）
0.5
②翻至正面車縫。
③安裝彈簧壓釦。（凸・公釦側）

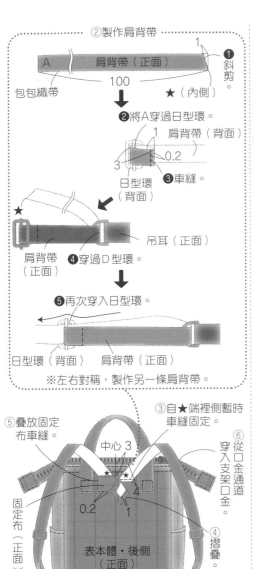

②製作肩背帶

A　肩背帶（正面）　　1
包包織帶　　100　　❶斜剪。
★（內側）

❷將A穿過日型環。

肩背帶（背面）
1
3　0.2
日型環（背面）　❸車縫。

★　吊耳（正面）
肩背帶（正面）
❹穿過D型環。

❺再次穿入日型環。

日型環（背面）　肩背帶（正面）

※左右對稱，製作另一條肩背帶。

③自★端裡側暫時車縫固定。
⑤疊放固定布車縫。
中心 3
⑥從口金通道穿入支架口金。
0.2　1　4
固定布（正面）
表本體・後側（正面）
④摺疊。
吊耳

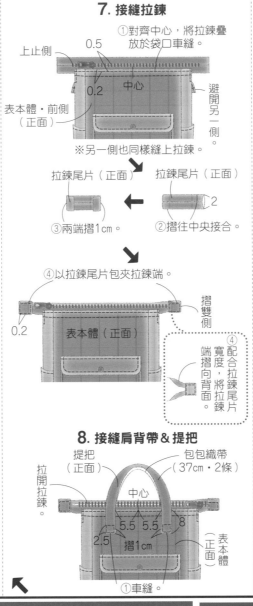

7. 接縫拉鍊

①對齊中心，將拉鍊疊放於袋口車縫。
上止側　0.5
0.2　中心
避開另一側。
表本體・前側（正面）

※另一側也同樣縫上拉鍊。

拉鍊尾片（正面）　拉鍊尾片（正面）
③兩端摺1cm。　2　②摺往中央接合。

④以拉鍊尾片包夾拉鍊端。
0.2　摺雙側
表本體（正面）
④端摺向背面。寬度配合拉鍊尾片，將拉鍊尾片

8. 接縫肩背帶＆提把

提把（正面）　包包織帶（37cm・2條）
拉開拉鍊。
中心
5.5　5.5　8
2.5　摺1cm
表本體（正面）
①車縫。

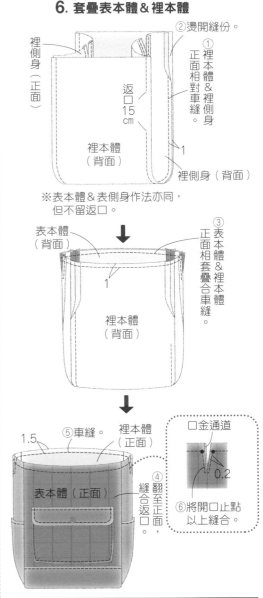

6. 套疊表本體＆裡本體

裡側身（正面）
②燙開縫份。
裡本體（正面）
裡本體＆裡側身正面相對車縫。
返口15cm
裡本體（背面）
裡側身（背面）　1

※表本體＆表側身作法亦同，但不留返口。

表本體（背面）
③表本體＆裡本體正面相對套疊合車縫。
表本體＆裡本體正面相套疊合車縫。
裡本體（背面）

⑤車縫　裡本體（正面）
1.5
表本體（正面）
④翻至正面，縫合返口。

口金通道
0.2
⑥將開口止點以上縫合。

完成尺寸	材料	
寬8×長8×深4cm	表布（棉布）20cm×25cm	P.57_ NO.**58**
原寸紙型	裡布（棉布）20cm×25cm	**零錢包**
D面	接著襯（厚）20cm×25cm	
	塑膠四合釦 13mm 1組	

---

3. 接縫側身

②摺立本體車縫。
裡側身（正面）
裡本體（背面）
表本體（正面）
表側身（正面）
0.2
①本體的側身底接縫位置＆側身底，背面相對車縫。

※另一側接縫側身也同樣。

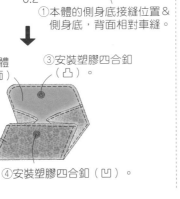

裡本體（正面）
③安裝塑膠四合釦（凸）
表本體（正面）
④安裝塑膠四合釦（凹）。

1. 製作本體

②翻至正面。　0.2　0.5
③車縫至側身止縫點。
表本體（正面）
裡本體（背面）
①正面相對車縫。
0.2　④車縫。　返口6cm

2. 車縫側身

①正面相對車縫。
表側身（正面）　0.5
②翻至正面。
0.2　③車縫。
裡側身（背面）
返口6cm

裁布圖

※ ▨處需於背面燙貼接著襯（僅表本體・表側身）。

※表・裡布裁法相同。

表・裡布（正面）
25cm
表・裡本體　表・裡側身　表・裡側身
20cm

完成尺寸
寬26×長28×側身8cm
（提把33cm）

原寸紙型
A面

材料
表布（牛津布）110cm×35cm
配布（麻布）105cm×30cm
裡布（棉布）144cm×40cm／接著襯（軟）92cm×45cm
底板 30cm×10cm／皮革提把（寬2cm 40cm）1組

掃QR Code
看作法影片！
https://youtu.be/NkctvXn-aZk

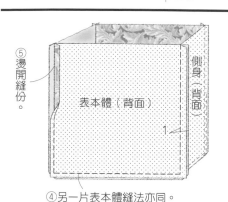

⑤燙開縫份。
表本體（背面）
側身（背面）
1
④另一片表本體縫法亦同。

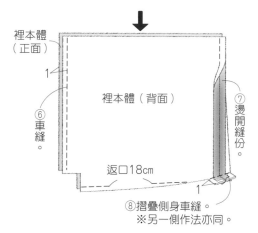

裡本體（正面）
1
裡本體（背面）
⑥車縫。
⑦燙開縫份。
返口18cm
1
⑧摺疊側身車縫。
※另一側作法亦同。

4. 套疊表本體＆裡本體

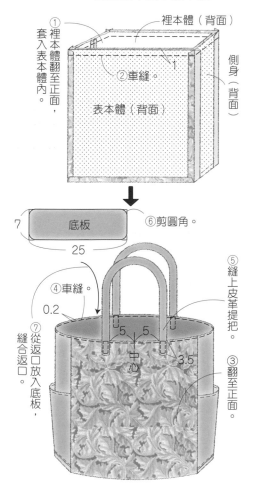

①裡本體翻至正面，套入表本體內。
裡本體（背面）
②車縫。
1
表本體（背面）
側身（背面）

7
底板
⑥剪圓角。
25

④車縫。
0.2
⑤縫上皮革提把。
⑦從返口放入底板，縫合返口。
5　5
中心
3.5
③翻至正面。

2. 製作側身

※另一組作法亦同。
②翻至正面。
0.2
表側身口袋（正面）
③車縫。

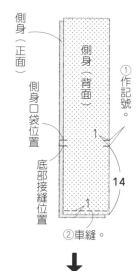

側身（正面）
側身（背面）
①作記號。
側身口袋位置
底部接縫位置
1
14
1
②車縫。

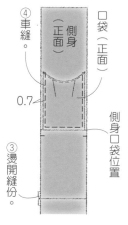

④車縫。
側身（正面）
口袋（正面）
0.7
③燙開縫份。
側身口袋位置
※另一側也同樣縫上口袋。

3. 製作表・裡本體

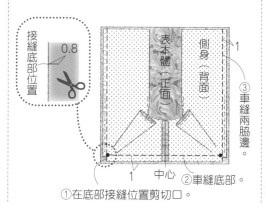

接縫底部位置
0.8
表本體（正面）
側身（背面）
1
③車縫兩脇邊。
①在底部接縫位置剪切口。
1　中心
②車縫底部。

裁布圖
※標示的尺寸已含縫份。
※□□處需於背面燙貼接著襯。

表布（正面）

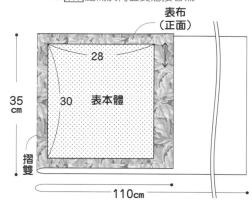

28
35cm
30　表本體
摺雙
110cm

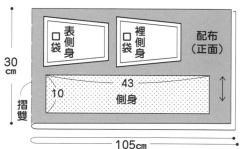

表側身口袋
裡側身口袋
配布（正面）
30cm
43
10　側身
摺雙
105cm

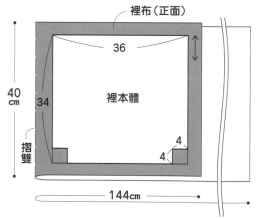

裡布（正面）
36
40cm
34
裡本體
4
4
摺雙
144cm

1. 製作側身口袋

1
裡側身口袋（背面）
表側身口袋（正面）
①車縫。
1

雙層托特包

完成尺寸	材料
寬35×長38cm （提把43cm）	表布（羊毛布）85cm×85cm
原寸紙型	裡布（棉布）85cm×85cm
無	皮革提把（寬2cm 長49cm）1組

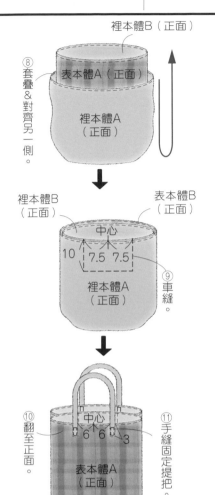

⑧ 套疊＆對齊另一側。

裡本體B（正面）
表本體A（正面）
裡本體A（正面）

裡本體B（正面）
表本體B（正面）
中心
10　7.5　7.5
裡本體A（正面）
⑨ 車縫。

⑩ 翻至正面。
中心
6　6　3
⑪ 手縫固定提把。
表本體A（正面）

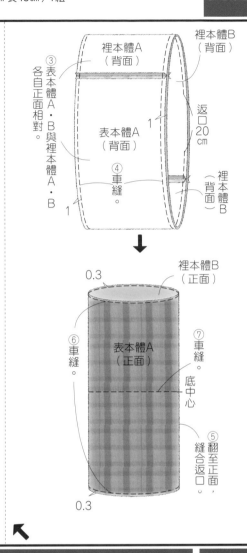

③ 表本體A・B與裡本體A・B各自正面相對。
裡本體A（背面）
裡本體B（背面）
表本體A（背面）
返口20cm
④ 車縫。
裡本體B（背面）
1
1

⑥ 車縫。
0.3
裡本體B（正面）
表本體A（正面）
⑦ 車縫。
底中心
⑤ 翻至正面，縫合返口。
0.3

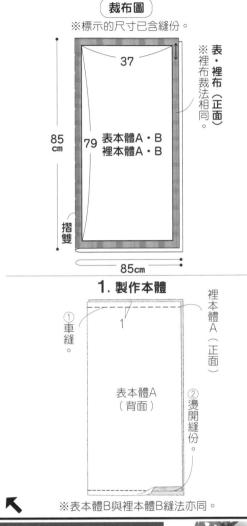

裁布圖
※標示的尺寸已含縫份。

※表・裡布裁法（正面）相同。

37
85cm
79
表本體A・B
裡本體A・B
摺雙
85cm

1. 製作本體

① 車縫。
裡本體A（正面）
1
表本體A（背面）
② 燙開縫份。

※表本體B與裡本體B縫法亦同。

完成尺寸	材料
直徑約40cmcm	領帶 14條
原寸紙型	裡布（棉布）40cm×40cm
B面	厚紙 5cm×5cm ※用來摺出摺痕。

領帶置物墊

3. 製作裡本體

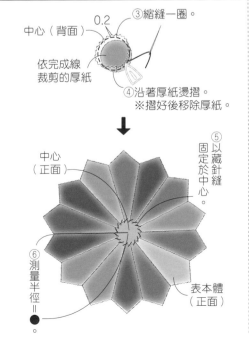

① 以裡布裁剪●（半徑）+1×2（約35cm）的圓片。
裡本體（背面）
1
② 摺疊。
③ 藏針縫。
裡本體（正面）
表本體（裡側）

0.2
中心（背面）
③ 縮縫一圈。
依完成線裁剪的厚紙
④ 沿著厚紙燙摺。
※摺好後移除厚紙。

中心（正面）
⑤ 以藏針縫固定於中心。
⑥ 測量半徑＝●
表本體（正面）
表本體（裡側）

1. 裁剪

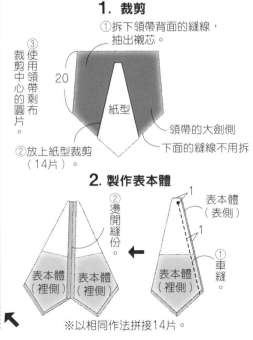

① 拆下領帶背面的縫線，抽出襯芯。
② 放上紙型裁剪（14片）
③ 使用領帶中心的圓布片。
20
紙型
領帶的大劍側
下面的縫線不用拆

2. 製作表本體

① 車縫。
② 燙開縫份。
表本體（表側）
1
1
表本體（裡側）
表本體（裡側）
表本體（裡側）

※以相同作法拼接14片。

完成尺寸	材料
寬40×長45cm（提把60cm）	表布（平織布）95cm×45cm
原寸紙型	配布（棉布）70cm×70cm
無	裡布（棉布）95cm×50cm
	圓繩 粗0.5cm 240cm

3. 製作裡本體

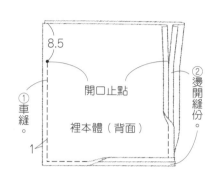

- 8.5
- ① 車縫
- 1
- 開口止點
- 裡本體（背面）
- ② 燙開縫份。

4.套疊表本體＆裡本體

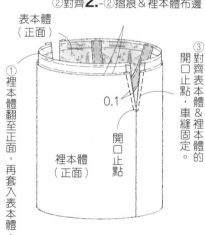

- ②對齊**2.**-②摺痕＆裡本體布邊。
- 表本體（正面）
- ① 裡本體翻至正面，再套入表本體。
- 0.1
- 開口止點
- 裡本體（正面）
- ③ 對齊表本體＆裡本體的開口止點，車縫固定。

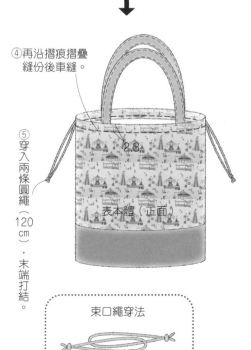

- ④再沿摺痕摺疊縫份後車縫。
- ⑤穿入兩條圓繩（120cm），末端打結。
- 2.3
- 表本體（正面）

束口繩穿法

2.製作表本體

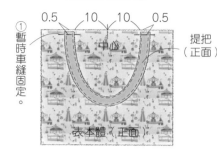

- 0.5 10 10 0.5
- ① 暫時車縫固定。
- 中心
- 提把（正面）
- 表本體（正面）

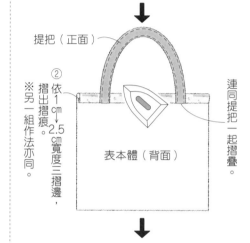

- 提把（正面）
- ② 依1cm摺出摺痕，2.5cm寬度三摺邊，
- ※另一組作法亦同。
- 連同提把一起摺疊。
- 表本體（背面）

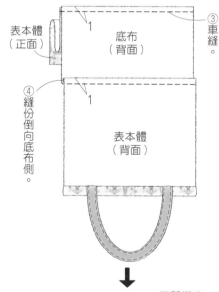

- 表本體（正面）
- 1
- 底布（背面）
- ③ 車縫。
- 1
- ④ 縫份倒向底布側。
- 表本體（背面）

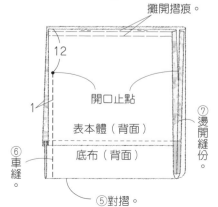

- 攤開摺痕。
- 12
- 1
- 開口止點
- 表本體（背面）
- ⑥ 車縫。
- 底布（背面）
- ⑦ 燙開縫份。
- ⑤對摺。

裁布圖

※標示的尺寸已含縫份。

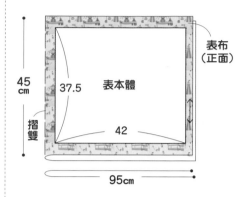

- 表布（正面）
- 45cm
- 37.5
- 表本體
- 摺雙
- 42
- 95cm

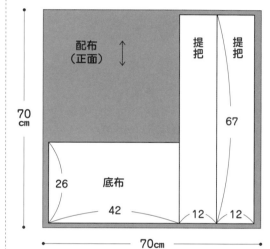

- 配布（正面）
- 70cm
- 提把
- 提把
- 67
- 26
- 底布
- 42
- 12
- 12
- 70cm

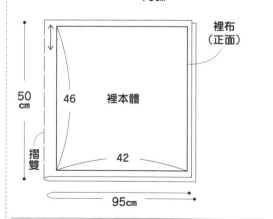

- 裡布（正面）
- 50cm
- 46
- 裡本體
- 摺雙
- 42
- 95cm

1. 製作提把

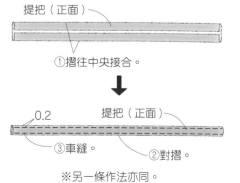

- 提把（正面）
- ①摺往中央接合。
- 0.2
- 提把（正面）
- ③車縫。
- ②對摺。
- ※另一條作法亦同。

完成尺寸	材料
寬13×長9×側身6cm	表布（防水布）30cm×40cm
	金屬拉鍊 20cm 1條
原寸紙型	
C面	

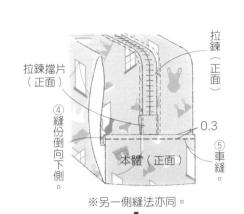

※另一側縫法亦同。

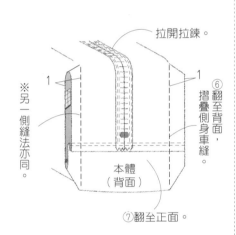

2.製作本體

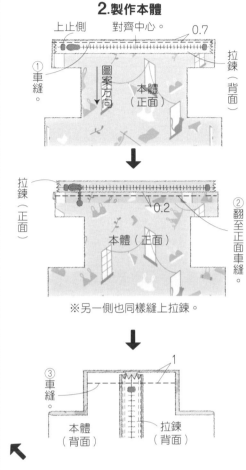

※另一側也同樣縫上拉鍊。

裁布圖

※拉鍊擋片無原寸紙型，請依標示尺寸（已含縫份）直接裁剪。

40cm

30cm

摺雙

表布（正面）

本體

6 / 4 拉鍊擋片

1. 製作拉鍊擋片

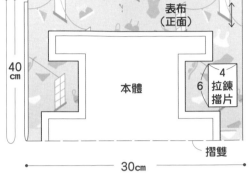

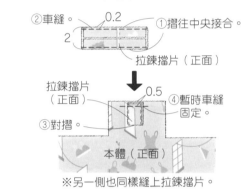

※另一側也同樣縫上拉鍊擋片。

完成尺寸	材料
寬9×長16×側身4cm	表布（防水布）25cm×30cm
	彈片口金（寬10cm）1個
原寸紙型	
無	

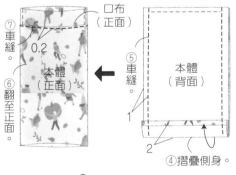

3. 穿入彈片口金

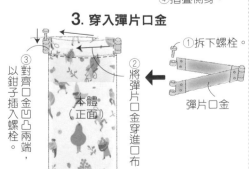

彈片口金

1. 製作口布

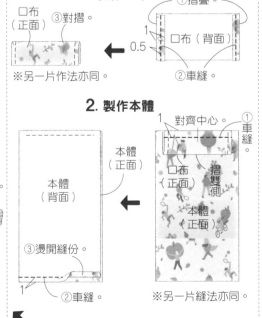

※另一片作法亦同。

2. 製作本體

※另一片縫法亦同。

裁布圖

※標示的尺寸已含縫份。

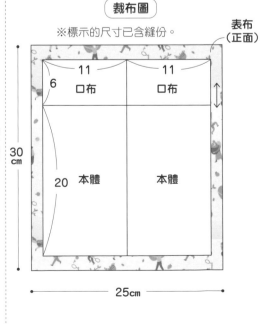

30cm

25cm

表布（正面）

11 / 11 口布

6

20 本體 / 本體

摺雙

領帶眼鏡收納包

完成尺寸	材料
寬約8×長17cm	領帶 1條
原寸紙型	磁釦（手縫式）1cm 1組
無	鈕釦 1.6cm 1顆

1. 裁剪

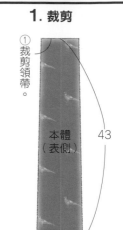

①裁剪領帶。

本體（表側）

43

領帶的大劍側

2. 製作本體

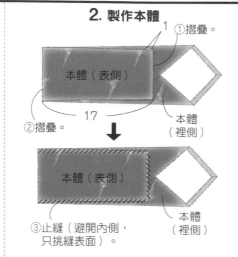

①摺疊。

本體（表側）

本體（裡側）

17

②摺疊。

本體（裡側）

本體（裡側）

③止縫（避開內側，只挑縫表面）。

3. 縫上鈕釦

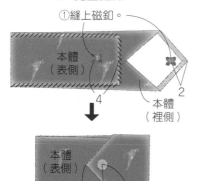

①縫上磁釦。

本體（表側）

本體（裡側）

2

4

2

本體（表側）

②縫上鈕釦。

領帶波奇包

完成尺寸	材料
寬約14×長12cm	領帶 2至3條
原寸紙型	裡布（棉布）20cm×30cm
無	磁釦（手縫式）1cm 1組
	包釦組 2cm 1組

1. 裁剪

①如圖示裁1片領帶的大劍側＆2片小劍側。

表本體脇邊（表側）

表本體中心（表側）

29

29

29

領帶的大劍側

領帶的小劍側

2. 製作本體

①以藏針縫（參見P.25）拼接。

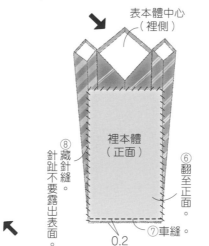

表本體脇邊（表側）

表本體中心（表側）

表本體脇邊（表側）

②測量長度。

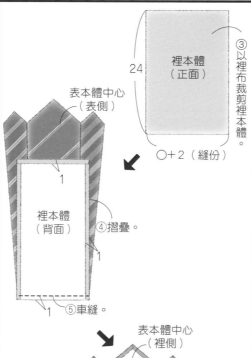

表本體中心（表側）

裡本體（正面）

24

③以裡布裁剪裡本體。

○＋2（縫份）

1

裡本體（背面）

④摺疊。

1

⑤車縫。

1

表本體中心（裡側）

裡本體（正面）

⑧藏針縫（針趾不要露出表面）。

⑥翻至正面。

⑦車縫。

0.2

3. 縫上鈕釦

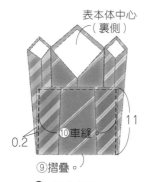

表本體中心（裏側）

0.2

⑩車縫

11

⑨摺疊。

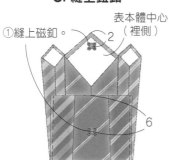

①縫上磁釦。

表本體中心（裡側）

2

6

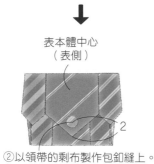

表本體中心（表側）

2

②以領帶的剩布製作包釦縫上。

完成尺寸	材料	
寬21×長12.5×側身4cm	**表布**（領帶）1條 **裡布**（棉布）25cm×40cm **彈片口金**（寬13cm）1個／**鈕釦** 2.5cm 1顆 **磁釦**（手縫式）1cm 1組	P.35_ NO.**40**
原寸紙型 無		**掀蓋式領帶波奇包**

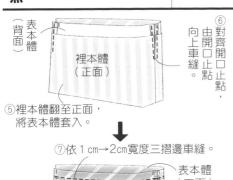

⑥對齊開口止點，向上車縫。

⑤裡本體翻至正面，將表本體套入。

⑦依 1 cm→2cm寬度三摺邊車縫。

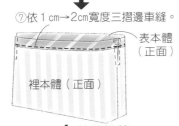

4. 接縫掀蓋

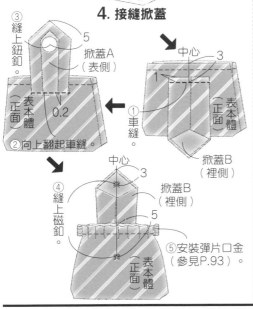

①縫上鈕釦。

②向上翻起車縫。

0.2

③縫上磁釦。

⑤安裝彈片口金（參見P.93）。

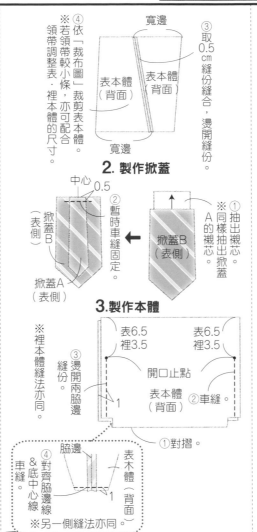

④依「裁布圖」裁剪表本體。

※若領帶較小條，亦可配合領帶調整表、裡本體的尺寸。

③取0.5cm縫份縫合，燙開縫份。

2. 製作掀蓋

3. 製作本體

※裡本體縫法亦同。

①對摺。

④對齊脇邊線＆底中心線車縫。

※另一側縫法亦同。

表6.5
裡3.5

③燙開兩脇邊縫份。

開口止點

②車縫。

裁布圖

（裁布圖）

※標示的尺寸已含縫份。

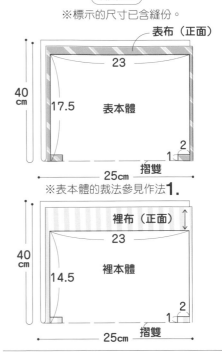

表布（正面）

40cm

23

17.5

表本體

2

1

25cm 摺雙

※表本體的裁法參見作法**1.**

裡布（正面）

40cm

23

14.5

裡本體

2

1

25cm 摺雙

1. 裁剪表本體

①裁剪掀蓋A・B。

領帶的大劍側　表本體　領帶的小劍側

17 掀蓋B　　　15 掀蓋A

②拆下用剩領帶的縫線，對半剪開。

完成尺寸	材料	P.34_ NO.**39**
頭圍56cm	**表布**（領帶）2至4條 **鬆緊帶** 寬3cm 5cm	
原寸紙型 無		**領帶髮帶**

3. 縫上固定布

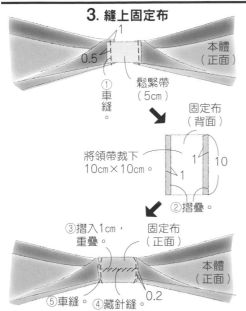

①車縫。

0.5

本體（正面）

鬆緊帶（5cm）

固定布（背面）

將領帶裁下10cm×10cm。

②摺疊。

③摺入1cm，重疊。

固定布（正面）

⑤車縫。　④藏針縫。

0.2

④末端摺成3cm，暫時車縫固定。

※另一側縫法亦同。

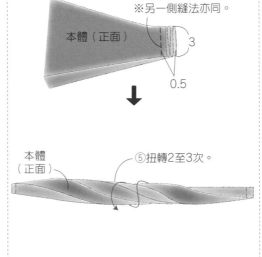

本體（正面）

0.5

⑤扭轉2至3次。

1. 裁剪

①拆開領帶縫線，將領帶攤平。

②隨意拼接再燙開縫份。

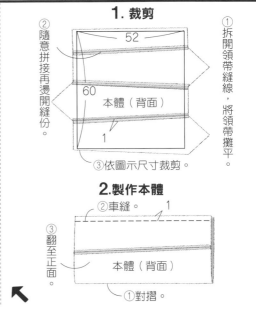

52

60 本體（背面）

1

③依圖示尺寸裁剪。

2. 製作本體

②車縫。

③翻至正面

本體（背面）

①對摺。

完成尺寸	材料
寬20×長10.5cm	表布（麻布）25cm×35cm
	裡布（棉布）25cm×35cm
原寸紙型	配布（棉細平布）10cm×5cm／**雙膠接著襯** 10cm×5cm
C面	DMC 25號繡線

1. 刺繡

※若手邊沒有相同色號的繡線，參考圖片使用喜歡的繡線亦可。
※（　）=繡線股數。
※除了指定之外皆為輪廓繡（1）。
※刺繡針法參見P.44。

DMC
25號繡線色號
　=312
　=326

※原寸刺繡圖案參見紙型C面

①在表布刺繡，在配布進行貼布縫。

貼布縫／釦眼繡（1）
雛菊繡（1）
北京繡（2）
貼布縫／釦眼繡（1）
鎖鏈繡（2）
緞面繡（2）
貼布縫／釦眼繡（1）
繞線鎖鏈繡（1）

2. 製作本體

左圖：
裡本體（正面）
⑤車縫。
表本體（背面）
④依山摺線摺成正面相對。

⑦縫合返口。
裡本體（正面）
表本體（正面）
⑥翻至正面。

右圖：
③翻至正面。
表本體（正面）
②車縫。
返口 8cm
表本體（正面）
裡本體（背面）
①以完成刺繡的表布裁剪表本體，以裡布裁剪裡本體，各一片。
表本體（正面）
CHANCE

完成尺寸	材料
寬18.5×長9.5cm	表布（棉布）25cm×15cm／**花紋紙** 20cm×10cm
	厚紙（厚2至3mm）20cm×10cm
原寸紙型	不織布（厚5mm）20cm×10cm
C面（原寸刺繡圖案）	DMC 25號繡線／布用接著劑

※原寸刺繡圖案參見紙型C面。

材　料

③厚紙整片塗上接著劑，不織布背面朝下與厚紙黏貼。

②從不織布正面將四邊剪出斜面。

輪廓繡（1）參見P.45
緞面繡（1）參見P.44
直線繡（1）參見P.97
直線繡（1）
①在表本體上刺繡。
※（　）=繡線股數
DMC 25號繡線326

※標示的尺寸已含縫份。
❶表本體（表布）❷花紋紙❸厚紙
❹不織布❺布用接著劑

⑦以接著劑黏貼表本體未黏合的浮角。

⑥如圖示將本體立起來，拉緊另一側摺份，黏至厚紙上。

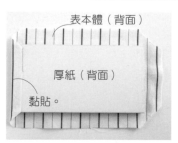

⑤厚紙塗上接著劑，先黏貼表本體的單側摺份。

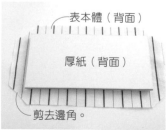

④不織布正面朝下，與表本體背面疊合，剪去表本體的四個角。

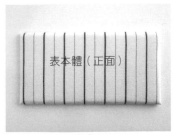

完成！

⑩厚紙的背面貼上花紋紙。

⑨表本體&厚紙黏貼完成。

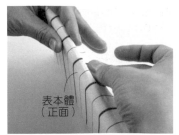

⑧表本體的長邊也依⑤⑥相同作法貼至厚紙。

完成尺寸	材料	P.46_ №.49
寬23×長32×側身4cm	表布（亞麻布）60cm×65cm	野生花圈布包
原寸紙型	裡布（亞麻布）55cm×50cm	
無	接著襯（厚）55cm×20cm	
	繡線（moco）／絲線（Soie et）	

原寸刺繡圖案

※刺繡針法，以及線的種類與色號參見P.47。

中心

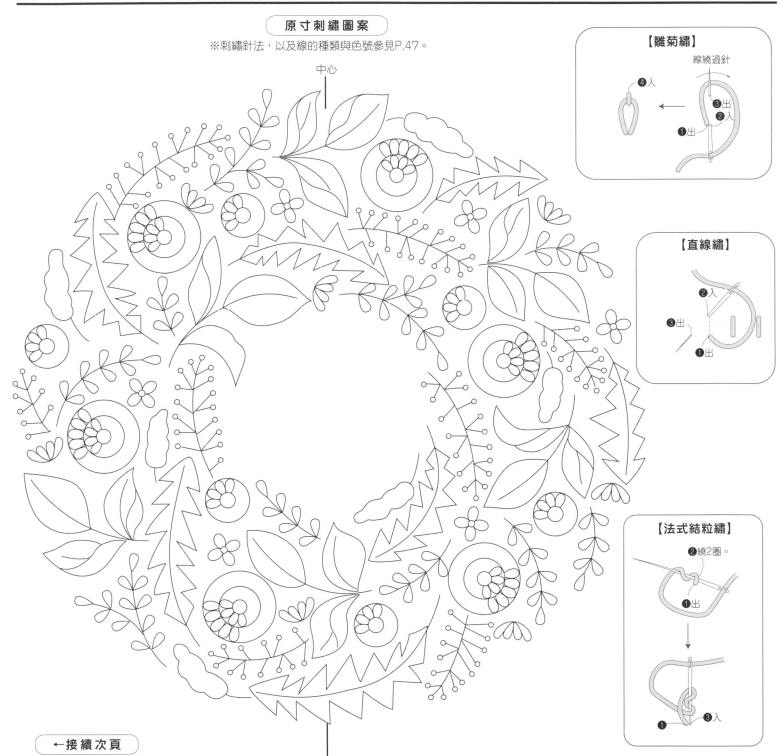

【雛菊繡】

【直線繡】

【法式結粒繡】

←接續次頁

4. 製作裡本體

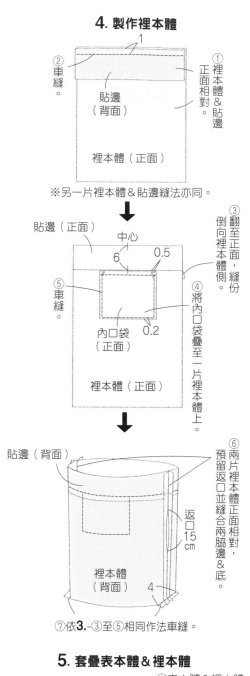

①裡本體&貼邊正面相對。

②車縫。

貼邊（背面）

裡本體（正面）

※另一片裡本體&貼邊縫法亦同。

③縫份倒向裡本體側。

翻至正面，

貼邊（正面）

中心

6   0.5

⑤車縫。

內口袋（正面）

0.2

裡本體（正面）

④將內口袋疊至一片裡本體上。

貼邊（背面）

⑥兩片裡本體正面相對，預留返口並縫合兩脇邊&底。

返口15㎝

裡本體（背面）

4

⑦依3.-③至⑤相同作法車縫。

5. 套疊表本體&裡本體

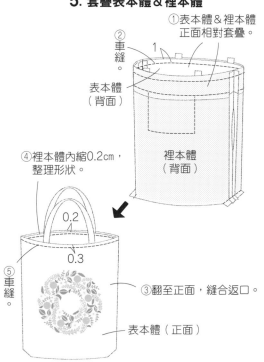

①表本體&裡本體正面相對套疊。

②車縫。

表本體（背面）

④裡本體內縮0.2㎝，整理形狀。

裡本體（背面）

0.2

⑤車縫。

0.3

③翻至正面，縫合返口。

表本體（正面）

內口袋（背面）

⑤內摺三邊縫份。

3. 製作表本體

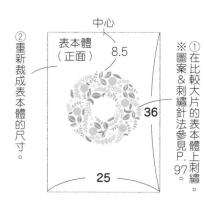

②重新裁成表本體的尺寸。

中心

表本體（正面）   8.5

36

25

①圖案&刺繡針法參見P.97。

※在比較大片的表本體上刺繡。

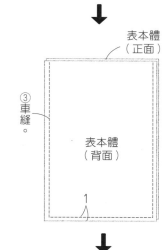

表本體（正面）

③車縫。

表本體（背面）

1

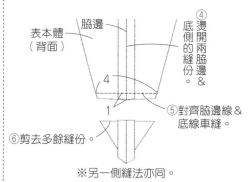

脇邊

表本體（背面）

④燙開側兩脇邊&底側的縫份。

4

1

⑤對齊脇邊線&底線車縫。

⑥剪去多餘縫份。

※另一側縫法亦同。

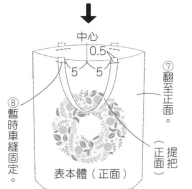

中心

0.5

5   5

⑦翻至正面。

⑧暫時車縫固定。

提把（正面）

表本體（正面）

裁布圖

※標示的尺寸已含縫份。
※▨處需於背面燙貼接著襯。

※將一片表本體裁成比35cm×46cm大一點，刺繡完成再依標示尺寸剪裁。

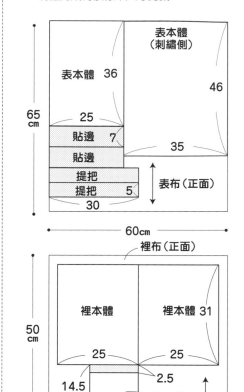

表本體（刺繡側）

表本體 36

46

25

貼邊 7

貼邊

提把

提把 5

30

35

65cm

表布（正面）

60cm

裡布（正面）

裡本體

裡本體 31

50cm

25   25

2.5

14.5

15

內口袋

55cm

1. 製作提把

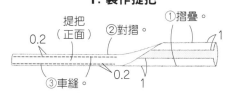

提把（正面）

0.2

①摺疊。

②對摺。

③車縫。

0.2   1

1

※另一條縫法亦同。

2. 製作口袋

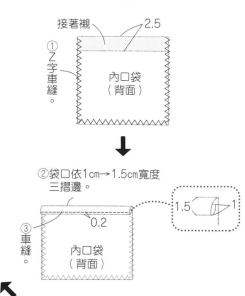

接著襯   2.5

①Z字車縫。

內口袋（背面）

②袋口依1cm→1.5cm寬度三摺邊。

③車縫。

0.2

內口袋（背面）

1.5   1

完成尺寸	材料
寬9×長12cm	表布（13格／1cm的麻布）20cm×25cm
	裡布（棉布）25cm×25cm／鋪棉 10cm×15cm
原寸紙型	棉織帶 寬1cm 40cm
無	鈕釦 1cm 1顆／DMC 25號繡線

刺繡圖案

※若手邊無相同色號的繡線，請參考圖片使用喜歡的顏色刺繡。

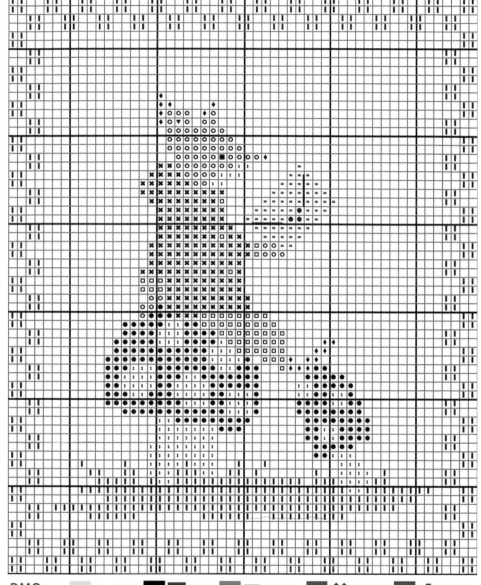

DMC 繡線色號

- ∶ 739
- ■ 310
- ▼ 352
- ✖ 3765
- ▌ 3362
- ● 301
- ◆ 839
- ● 3777
- □ 676
- ═ ECRU

※在13目／1cm的麻布上依圖案刺繡。
※十字繡是數布料的織線進行刺繡。
※使用圓針尖的十字繡專用針。
※使用棉、麻等經線與緯線等間距織成的布料。
　13目／1cm意指1cm寬有13目經線與緯線。依目數變化刺繡的大小。

十字繡針法

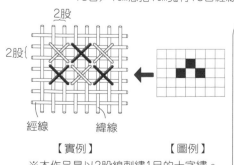

【實例】 　**【圖例】**
※本作品是以2股線刺繡1目的十字繡。

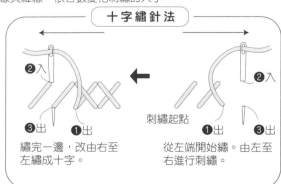

2股
2股{
經線　　緯線

❷入　　　　❷入
❸出 ❶出　刺繡起點 ❶出 ❸出
繡完一邊，改由右至　從左端開始繡。由左至
左繡成十字。　　　右進行刺繡。

裁布圖

※標示的尺寸已含縫份。
※表布的裁法參見作法指示。

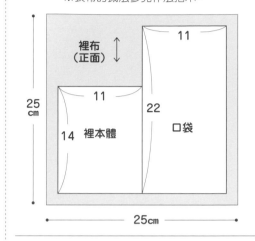

裡布（正面）
25cm
11
11
22
14 裡本體　口袋
25cm

1. 刺繡

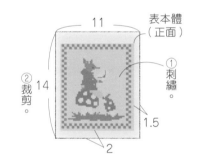

11
表本體（正面）
①刺繡。
②裁剪。
②14
1.5
2

2. 製作本體

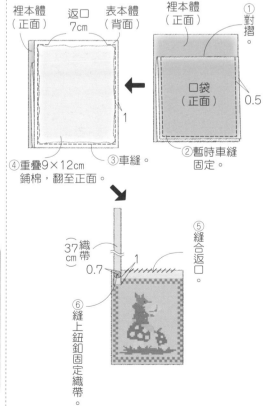

裡本體（正面）
返口7cm
表本體（背面）
④重疊9×12cm 鋪棉，翻至正面。
③車縫。

裡本體（正面）
①對摺。
口袋（正面）
0.5
②暫時車縫固定。
1

37cm 織帶
0.7
1
⑤縫合返口。
⑥縫上鈕釦固定織帶

完成尺寸
寬18×長12×側身12cm

原寸紙型
C面

材料
表布（牛津布）110cm×35cm／裡布（棉布）110cm×35cm
接著鋪棉 110cm×35cm／接著襯（厚）20cm×15cm
出芽 110cm／金屬拉鍊 20cm 2條
腳釘 直徑1cm 4顆／棉織帶 寬2.5cm 20cm
滾邊斜布條 寬0.9cm 110cm

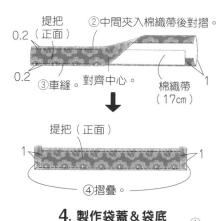

②中間夾入棉織帶後對摺。
提把（正面）
0.2
③車縫。對齊中心。
0.2
棉織帶（17cm）
1

提把（正面）
1　1
④摺疊。

4. 製作袋蓋＆袋底

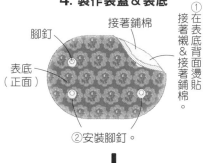

①在表底背面燙貼接著襯＆接著鋪棉。
接著鋪棉
腳釘
表底（正面）
②安裝腳釘。

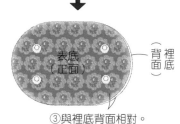

表底（正面）
（背面）裡底
③與裡底背面相對。

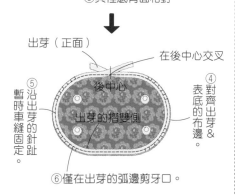

出芽（正面）
在後中心交叉
後中心
⑤沿出芽的針趾暫時車縫固定。
出芽的摺雙側
④對齊出芽＆表底的布邊。
⑥僅在出芽的弧邊剪牙口。

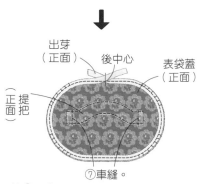

出芽（正面）
後中心
表袋蓋（正面）
正面提把
⑦車縫。

※依③至⑥相同作法製作表蓋，再縫上提把。

裡上本體（背面）
表上本體（正面）
1
0.2
裡下本體（背面）
表下本體（正面）
0.5
⑧下本體也依②至⑦相同作法縫上拉鍊。
⑨暫時車縫固定。

2. 製作本體

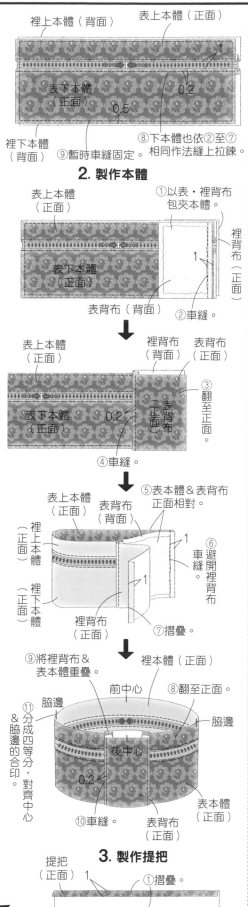

表上本體（正面）
①以表‧裡背布包夾本體。
裡背布（正面）
表下本體（正面）
表背布（背面）
②車縫。
1

表上本體（正面）
裡背布（背面）
表背布（正面）
③翻至正面。
表下本體（正面）　0.2
表背布（正面）
④車縫。

表上本體（正面）
表背布（背面）
裡上本體（正面）
裡下本體（正面）
⑤表本體＆表背布正面相對。
1　1
⑥避開裡背布車縫。
裡背布（正面）
⑦摺疊。

⑨將裡背布＆表本體重疊。
裡本體（正面）
前中心
⑧翻至正面。
脇邊
⑪分成四等分，對齊中心＆脇邊的合印
脇邊
後中心
0.2
⑩車縫。
表本體（正面）
表背布（正面）

3. 製作提把
提把（正面）
1
①摺疊。
1

裁布圖

※表‧裡上本體、表‧裡下本體、提把及表‧裡背布無紙型，請依標示尺寸（已含縫份）直接裁剪。
※□□□處需沿背面的完成線燙貼接著鋪襯。

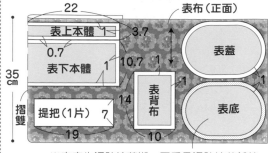

22
表上本體 1　3.7
0.7
表下本體 1　10.7　1
35cm
摺雙
提把（1片）7
14
表背布
19
10
表布（正面）
表蓋
表底
1
1

※表底先燙貼接著襯，再重疊燙貼接著鋪棉。

110cm

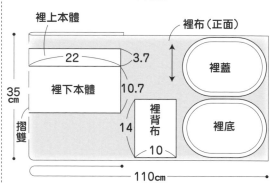

裡上本體
裡布（正面）
22　3.7
裡下本體　10.7
35cm
摺雙
14
裡背布
10
裡蓋
裡底

110cm

1. 接縫拉鍊

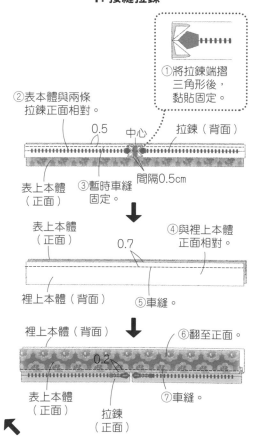

①將拉鍊端摺三角形後，黏貼固定。

②表本體與兩條拉鍊正面相對。
0.5　中心　拉鍊（背面）
表上本體（正面）
③暫時車縫固定。
間隔0.5cm

表上本體（正面）
0.7
④與裡上本體正面相對。

裡上本體（背面）
⑤車縫。

裡上本體（背面）
0.2
⑥翻至正面。
表上本體（正面）
拉鍊（正面）
⑦車縫。

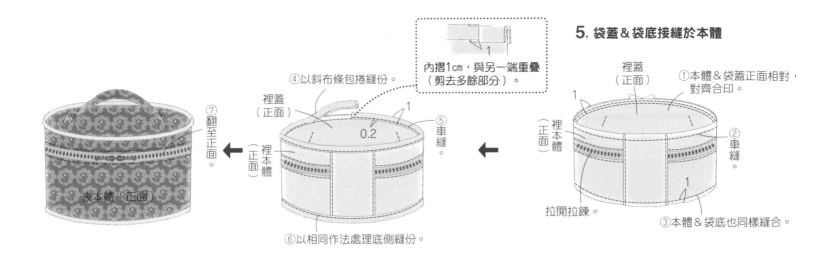

5. 袋蓋&袋底接縫於本體

④以斜布條包捲縫份。

內摺1cm，與另一端重疊（剪去多餘部分）。

裡蓋（正面）

⑦翻至正面。

表本體（正面）

裡本體（正面）

⑤車縫。

0.2

⑥以相同作法處理底側縫份。

裡蓋（正面）

裡本體（正面）

①本體&袋蓋正面相對，對齊合印。

②車縫。

拉開拉鍊。

③本體&袋底也同樣縫合。

1

完成尺寸	材料	
寬30×長30×側身6cm	表布（生肖圖案布）50cm×50cm	**P.52_ NO.55**
原寸紙型	裡布（棉布）50cm×50cm	**老虎手提包**
無	提把織帶 寬2.5cm 60cm	

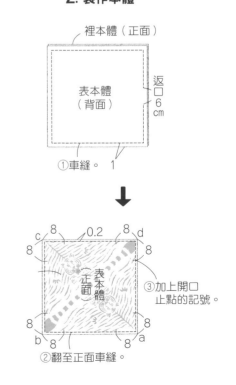

1. 裁布

①表布裁成正方形。

②依表本體尺寸裁剪裡布。

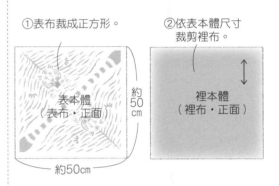

表本體（表布‧正面）

裡本體（裡布‧正面）

約50cm

約50cm

2. 製作本體

裡本體（正面）

①車縫。

表本體（背面）

返口6cm

1

③加上開口止點的記號。

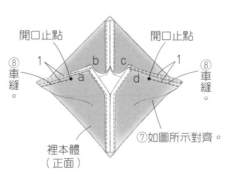

8　0.2　8
c　　　　d
8　　　　　8

表本體（正面）

8　　　　　8
b　8　8　a

②翻至正面車縫。

3. 接縫提把

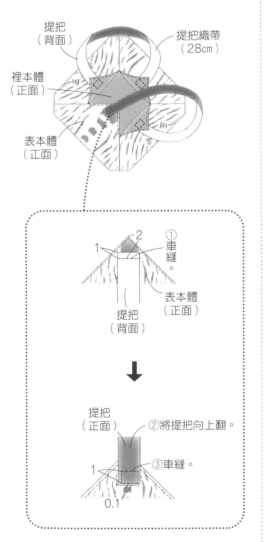

提把（背面）

提把織帶（28cm）

裡本體（正面）

表本體（正面）

①車縫。

提把（背面）

表本體（正面）

提把（正面）

②將提把向上翻。

③車縫。

0.1

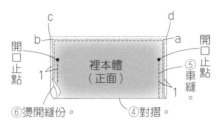

c　　　　d
b　　　　　a

開口止點

裡本體（正面）

開口止點

⑤車縫。

1

⑥燙開縫份。

④對摺。

開口止點

開口止點

⑧車縫。

1

a　b　c　d

1

⑧車縫。

⑦如圖所示對齊。

裡本體（正面）

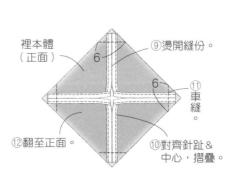

裡本體（正面）

6

⑨燙開縫份。

6

⑪車縫。

⑫翻至正面。

⑩對齊針趾&中心，摺疊。

完成尺寸

高約12cm

原寸紙型

B面

材料

表布A（棉布）20cm×35cm 2片／**表布B**（棉布）各20cm×30cm 2片

表布C（棉布）15cm×30cm 2片／**表布D**（棉布）15cm×15cm 2片

表布E（棉布）25cm×15cm／**重石** 350g

配布A（棉布）30cm×20cm／**配布B**（棉布）10cm×20cm

頭飾配件・繩擋 1.2cm・**串珠** 直徑0.5cm 各1個

填充棉・25號繡線（深粉紅・淺粉紅）各適量

P.53_ NO.**56**
兔子造型雛人偶
（天皇・皇后）

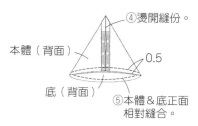

④燙開縫份。

本體（背面）　　0.5

底（背面）

⑤本體＆底正面相對縫合。

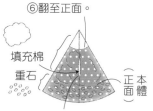

⑥翻至正面。

填充棉

重石

正 本
面 體

⑦底側先放入重石（175g），再塞入棉花後縫合返口。

※皇后作法亦同。

2. 製作頭部

①刺繡。

25號繡線（顏色・股數）

緞面繡參見P.44

直線繡參見P.97

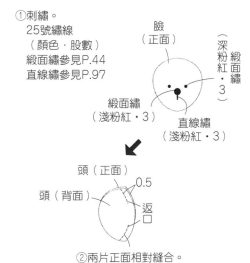

臉（正面）

（深粉紅・緞面繡・3）

緞面繡（淺粉紅・3）

直線繡（淺粉紅・3）

頭（正面）　0.5

頭（背面）

返口

②兩片正面相對縫合。

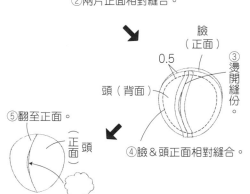

臉（正面）

0.5

頭（背面）

③燙開縫份。

⑤翻至正面。

正 頭
面

④臉＆頭正面相對縫合。

⑥塞入棉花，縫合返口。

表布D（正面・2片）

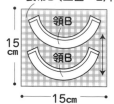

領B

領B

15cm

15cm

表布E（正面）

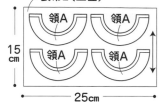

領A　領A

領A　領A

15cm

25cm

配布B（正面）

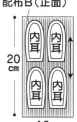

內耳　內耳

內耳　內耳

20cm

10cm

配布A（正面）　　頭
※將紙型翻面使用。

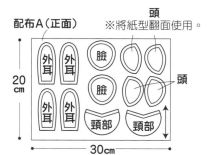

外耳　外耳　臉　頭

外耳　外耳　臉　頭

20cm　頭部　頭部

30cm

1. 製作本體

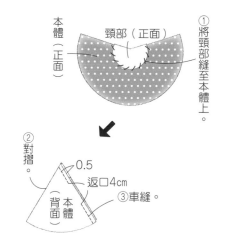

本體（正面）　頸部（正面）

①將頸部縫至本體上。

②對摺。

0.5

返口4cm

③車縫

背 本
面 體

裁布圖

※表・裡袖無原寸紙型，請依標示尺寸（已含縫份）直接裁剪。

※製作天皇・皇后的表布A至D，各自準備1片。

表布A（正面・2片）

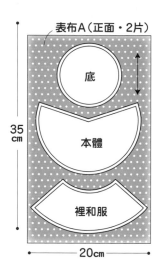

底

本體

裡和服

35cm

20cm

表布B（正面・2片）

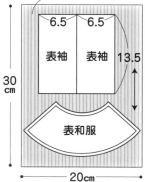

6.5　6.5

表袖　表袖　13.5

30cm

表和服

20cm

表布C（正面・2片）

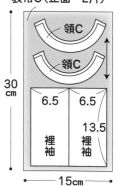

領C

領C

30cm

6.5　6.5

13.5

裡袖　裡袖

15cm

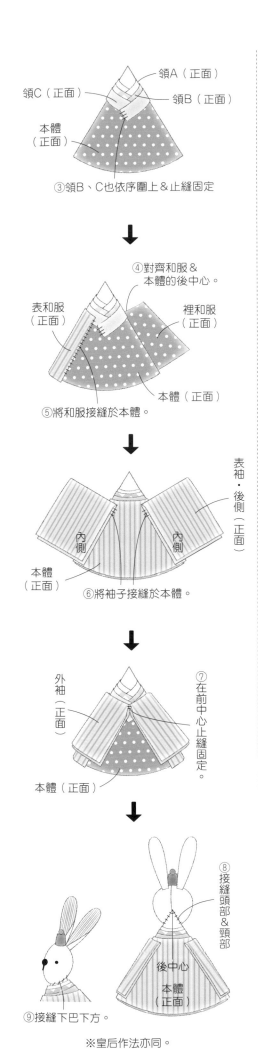

領A（正面）
領C（正面）
領B（正面）
本體（正面）

③領B、C也依序圍上＆止縫固定

④對齊和服＆本體的後中心。
表和服（正面）
裡和服（正面）
本體（正面）

⑤將和服接縫於本體。

表袖・後側（正面）
內側
內側
本體（正面）

⑥將袖子接縫於本體。

外袖（正面）
⑦在前中心止縫固定。
本體（正面）

外袖（正面）
⑧接縫頭部＆頸部
後中心
本體（正面）

⑨接縫下巴下方。

※皇后作法亦同。

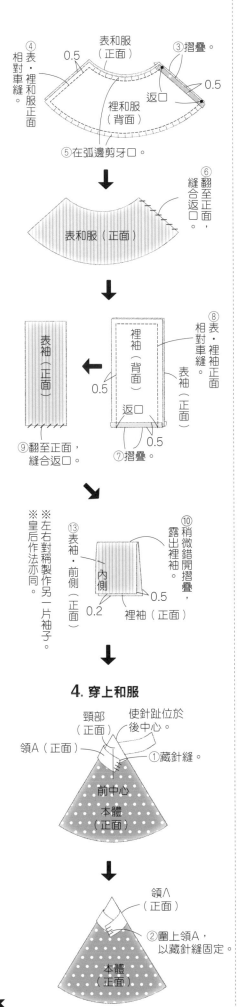

④表・裡和服相對車縫。
表和服（正面）
0.5
③摺疊。
0.5
裡和服（背面）
返口

⑤在弧邊剪牙口。

表和服（正面）
⑥縫合返口。翻至正面，

表袖（正面）
裡袖（背面）
0.5
⑧表・裡袖正面相對車縫。
表袖（正面）
返口

⑨翻至正面，縫合返口。
⑦摺疊。
0.5

※左右對稱製作另一片袖子。
※皇后作法亦同。

⑬表袖・前側（正面）
內側
0.2
⑩稍微錯開摺疊，露出裡袖。
0.5
裡袖（正面）

4. 穿上和服

頸部（正面）
領A（正面）
使針趾位於後中心。
①藏針縫。
前中心
本體（正面）

領A（正面）
②圍上領A，以藏針縫固定。
本體（正面）

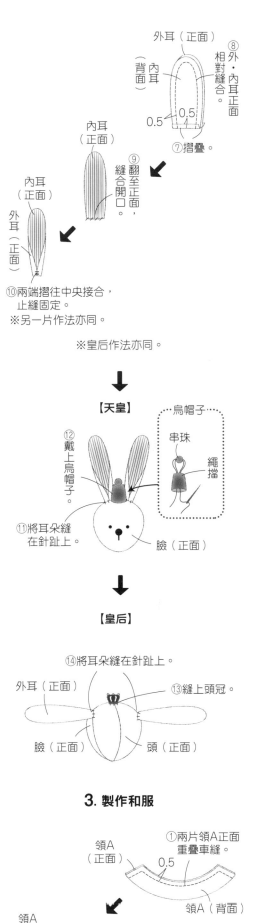

外耳（正面）
內耳（背面）
⑧外・內耳正面相對縫合。
0.5
0.5
內耳（正面）
⑦摺疊。

內耳（正面）
外耳（正面）
⑨翻至正面，縫合開口。

⑩兩端摺往中央接合，止縫固定。
※另一片作法亦同。

※皇后作法亦同。

【天皇】
烏帽子
串珠
繩擋
⑫戴上烏帽子。
⑪將耳朵縫在針趾上。
臉（正面）

【皇后】

⑭將耳朵縫在針趾上。
外耳（正面）
⑬縫上頭冠。
臉（正面）
頭（正面）

3. 製作和服

①兩片領A正面重疊車縫。
領A（正面）
0.5
領A（背面）

領A（正面）
②翻至正面。

※領B、C作法亦同。

103

完成尺寸	材料

完成尺寸
寬55.5×長53cm

原寸紙型
D面

材料
【本體】表布A（棉棉布）30cm×45cm／**表布B**（棉布）65cm×30cm
　表布C（棉布）65cm×35cm／**裡布** 60cm×70cm／**配布** 10cm×25cm
【松樹】表布（棉布）90cm×20cm 【竹葉】表布（棉布）30cm×30cm
【梅花】表布A・B（棉布）35cm×15cm 各1片
　配布A・B（棉布）30cm×10cm 各1片／**25號繡線**（黃色）
【繩子】表布（棉布）35cm×30cm
【餅花】表布A・B（棉布）20cm×5cm 各1片
【陀螺】表布（棉布）15m×20cm／**配布A・B**（棉布）15cm×10cm 各1片
　配布C（棉布）10m×15cm／**貼布縫用膠紙** 15cm×10cm
【共用】接著襯（厚）60cm×60cm／組紐 粗0.1cm 60cm
　接著鋪棉（硬）60cm×80cm／接著鋪棉（薄）60cm×30cm

1. 製作本體

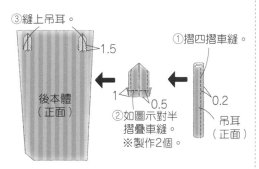

③縫上吊耳。
1.5
①摺四摺車縫。
1
0.5
0.2
②如圖示對半摺疊車縫。
※製作2個。
後本體（正面）
吊耳（正面）

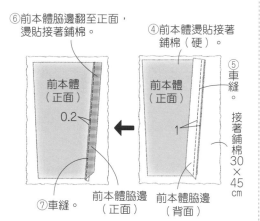

⑥前本體脇邊翻至正面，燙貼接著鋪棉。
④前本體燙貼接著鋪棉（硬）。
⑤車縫。
前本體（正面）
0.2
1
接著鋪棉 30×45cm
⑦車縫。
前本體脇邊（正面）
前本體脇邊（背面）

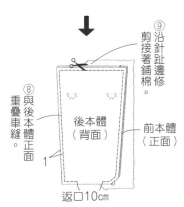

⑨剪沿針趾邊修剪接著鋪棉。
⑧與後本體正面重疊車縫。
後本體（背面）
前本體
1
返口10cm

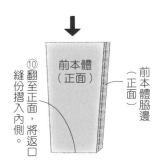

⑩翻至正面，將返口縫份摺入內側。
前本體（正面）
前本體（正面）
前本體脇邊

※裡竹請將紙型翻面使用。

【竹葉】
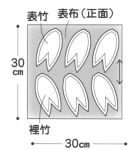
表竹 表布（正面）
30cm
裡竹
30cm

【梅花】
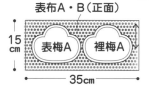
表布A・B（正面）
15cm
表梅A 裡梅A
35cm

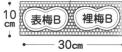
配布A・B（正面）
10cm
表梅B 裡梅B
30cm

【繩子】
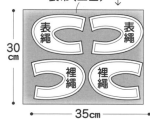
表布（正面）
30cm
表繩 表繩
裡繩 裡繩
35cm

【陀螺】
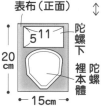
表布（正面）
20cm
5 11
陀螺下
裡陀螺
本體
15cm

配布B（正面）
10cm
7 11
陀螺上
15cm

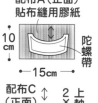
配布A（正面）
貼布縫用膠紙
10cm
陀螺帶
15cm

配布C（正面）
2×12 上軸
15cm
2×8 下軸
10cm

【餅花】
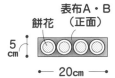
表布A・B（正面）
餅花
5cm
20cm

（裁布圖）
※吊耳、陀螺上・下・上・下軸無原寸紙型，請依標示尺寸（已含縫份）直接裁剪。
※□□處需於背面燙貼接著襯。

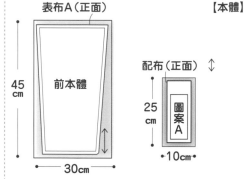
表布A（正面）
【本體】
45cm
前本體
配布（正面）
圖案A
25cm
30cm
10cm

在接著襯上方，再燙貼接著鋪棉（硬）。

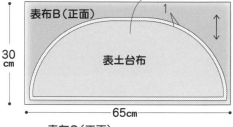
表布B（正面）
1
30cm
表土台布
65cm

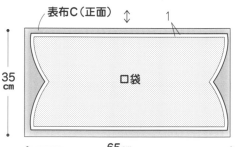
表布C（正面）
1
35cm
口袋
65cm

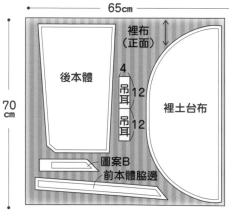
裡布（正面）
後本體
4
吊耳 12
吊耳 12
70cm
裡土台布
圖案B
前本體脇邊
60cm

【松樹】
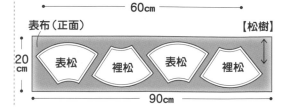
表布（正面）
20cm
表松 裡松 表松 裡松
90cm

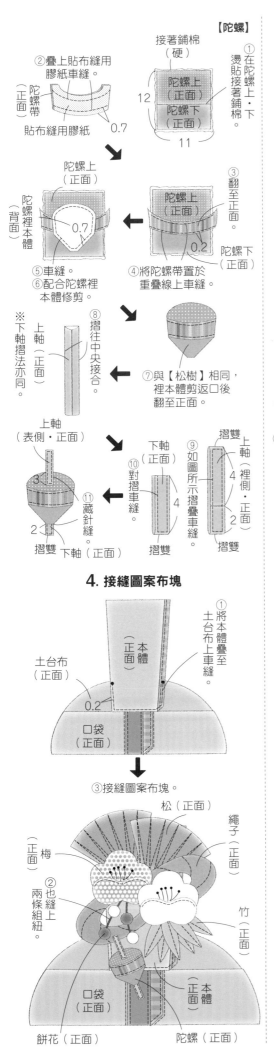

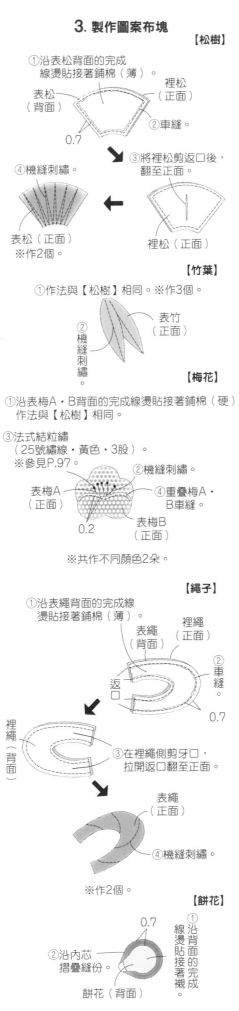

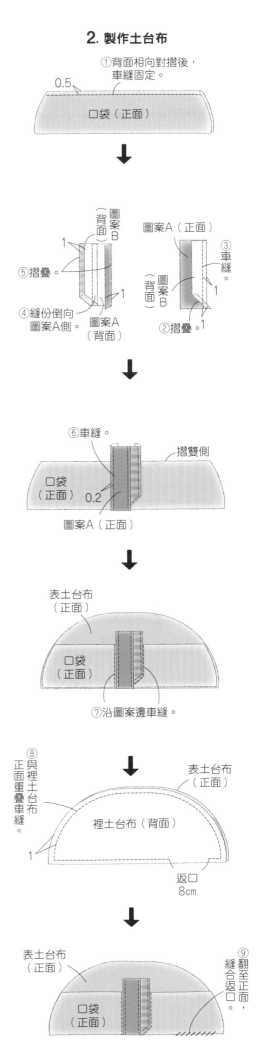

【陀螺】

① 在陀螺上、下燙貼接著鋪棉。

接著鋪棉（硬）

② 疊上貼布縫用膠紙車縫。

陀螺帶（正面）

貼布縫用膠紙

0.7

陀螺上（正面）
陀螺下（正面）

12
11

③ 翻至正面。

陀螺上（正面）

0.2

陀螺下（正面）

④ 將陀螺帶置於重疊線上車縫。

陀螺上（正面）

陀螺裡本體（背面）

0.7

⑤ 車縫。
⑥ 配合陀螺裡本體修剪。

⑦ 與【松樹】相同，裡本體剪返口後翻至正面。

※下軸往摺法亦同。

⑧ 摺往中央接合。

上軸（正面）

上軸（表側·正面）

⑨ 如圖所示摺疊車縫

上軸（裡側·正面）

摺雙

4
4
2

下軸（正面）

⑩ 對摺車縫。

摺雙

⑪ 藏針縫

2
3

下軸（正面）
摺雙

4. 接縫圖案布塊

① 將本體疊至土台布上車縫。

土台布（正面）

本體（正面）

0.2

口袋（正面）

③ 接縫圖案布塊。

松（正面）

繩子（正面）

梅（正面）

② 也縫上兩條組紐。

竹（正面）

口袋（正面）

餅花（正面）

本體（正面）

陀螺（正面）

3. 製作圖案布塊

【松樹】

① 沿表松背面的完成線燙貼接著鋪棉（薄）。

表松（背面）

裡松（正面）

0.7

② 車縫。

③ 將裡松剪返口後，翻至正面。

④ 機縫刺繡。

表松（正面）
※作2個。

裡松（正面）

【竹葉】

① 作法與【松樹】相同。※作3個。

② 機縫刺繡。

表竹（正面）

【梅花】

① 沿表梅A·B背面的完成線燙貼接著鋪棉（硬）作法與【松樹】相同。

③ 法式結粒繡（25號繡線·黃色·3股）。※參見P.97。

② 機縫刺繡。

表梅A（正面）

④ 重疊梅A·B車縫。

0.2

表梅B（正面）

※共作不同顏色2朵。

【繩子】

① 沿表繩背面的完成線燙貼接著鋪棉（薄）。

表繩（背面）

裡繩（正面）

② 車縫。

返口

0.7

裡繩（背面）

③ 在裡繩側剪牙口，拉開返口翻至正面。

表繩（正面）

④ 機縫刺繡。

※作2個。

【餅花】

② 沿內芯摺疊縫份。

0.7

① 沿背面的完成線燙貼接著襯。

餅花（背面）

※不同顏色的各作2個。

2. 製作土台布

① 背面相向對摺後，車縫固定。

0.5

口袋（正面）

⑤ 摺疊。

圖案B（背面）

1

圖案A（正面）

③ 車縫。

1

④ 縫份倒向圖案A側。

圖案A（背面）
圖案B

1

圖案A（背面）

② 摺疊。

1

⑥ 車縫。

摺雙側

口袋（正面）

0.2

圖案A（正面）

表土台布（正面）

口袋（正面）

⑦ 沿圖案邊車縫。

表土台布（正面）

⑧ 與裡土台布正面重疊車縫。

正面重疊車縫

裡土台布（背面）

1

返口8cm

表土台布（正面）

口袋（正面）

⑨ 翻至正面後縫合返口。

完成尺寸	材料
寬11×長8cm	表布（棉布）35cm×30cm／裡布（棉布）65cm×40cm
原寸紙型	接著襯（厚）35cm×30cm
無	塑膠四合釦 13mm 1組
	魔鬼氈 寬2cm 9cm

3. 製作口袋蓋

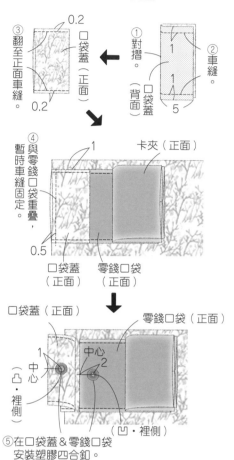

① 對摺。
② 車縫。
□袋蓋（正面）
□袋蓋（背面）
③ 翻至正面車縫。
0.2
0.2
1
1
5

④ 與零錢口袋重疊，暫時車縫固定。
卡夾（正面）
□袋蓋（正面）
零錢口袋（正面）
1
0.5

□袋蓋（正面）
零錢口袋（正面）
中心
中心
（凸・裡側）
（凹・裡側）
1
2
⑤ 在口袋蓋＆零錢口袋安裝塑膠四合釦。

4. 製作本體

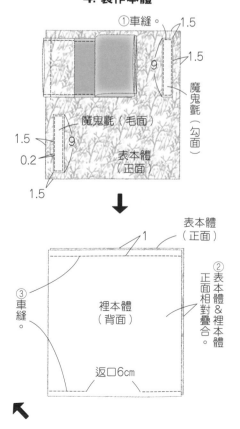

① 車縫。
魔鬼氈（毛面）
魔鬼氈（勾面）
表本體（正面）
1.5
1.5
9
9
1.5
0.2
1.5

表本體（正面）
裡本體（背面）
① 車縫。
② 表本體＆裡本體正面相對疊合。
1
返口6cm

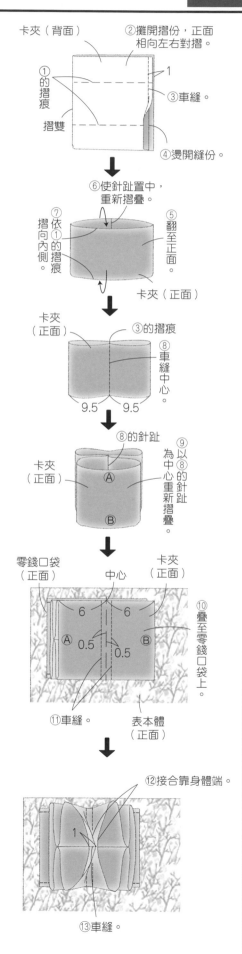

卡夾（背面）
② 攤開摺份，正面相向左右對摺。
① 的摺痕
摺雙
③ 車縫。
1
④ 燙開縫份。

⑥ 使針趾置中，重新摺疊。

⑦ 依①的摺痕摺向內側。
⑤ 翻至正面。
卡夾（正面）

卡夾（正面）
③ 的摺痕
⑧ 車縫中心。
9.5　9.5

⑧ 的針趾
卡夾（正面）
Ⓐ
Ⓑ
⑨ 以⑧的針趾為中心重新摺疊。

零錢口袋（正面）
中心
卡夾（正面）
6　6
Ⓐ　0.5　0.5　Ⓑ
⑩ 疊至零錢口袋上。
⑪ 車縫。
表本體（正面）

⑫ 接合靠身體端。
1
⑬ 車縫。

裁布圖

※標示的尺寸已含縫份。
※▨ 處需於背面燙貼接著襯。

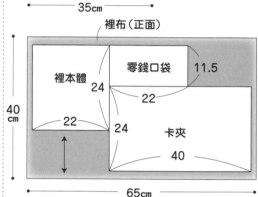

表布（正面）
□袋蓋
表本體 24
11.5
10
22
30cm
35cm

裡布（正面）
裡本體 24
零錢口袋 24
11.5
22
卡夾
40
22　24
40cm
65cm

1. 製作零錢口袋

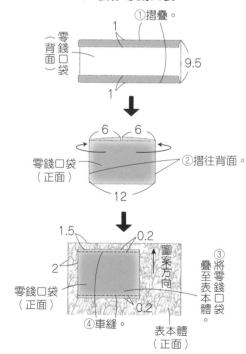

① 摺疊。
零錢口袋（背面）
1
1
9.5

6　6
零錢口袋（正面）
② 摺往背面。
12

零錢口袋（正面）
表本體（正面）
2
1.5
0.2
0.2
③ 將零錢口袋疊至表本體上
④ 車縫。
圖案方向

2. 製作卡夾

卡夾（正面）
12
① 摺往中央接合。

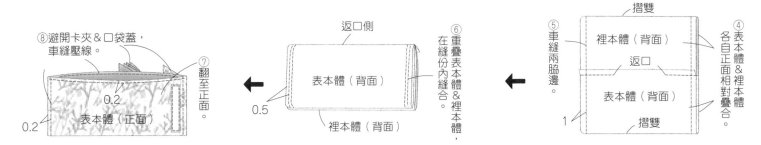

⑧避開卡夾&口袋蓋，車縫壓線。

⑦翻至正面。

0.2
表本體（正面）
0.2

返口側

⑥在縫份內縫合。

表本體（背面）

0.5

裡本體（背面）

⑥重疊表本體&裡本體，

⑤車縫兩脇邊。

摺雙

裡本體（背面）

返口

表本體（背面）

摺雙

1

④各自正面相對疊合。表本體&裡本體

完成尺寸
寬10.5×長10cm

原寸紙型
D面

材料
表布（牛津布）25cm×15cm
裡布（棉布）35cm×40cm
接著襯（薄）25cm×15cm
金屬拉鍊 18cm 1條

P.57_ No.**61**
L型拉鍊短夾

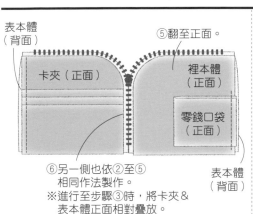

表本體（背面）

卡夾（正面）

裡本體（正面）

⑤翻至正面。

零錢口袋（正面）

表本體（背面）

⑥另一側也依②至⑤相同作法製作。
※進行至步驟③時，將卡夾&表本體正面相對疊放。

4. 製作本體

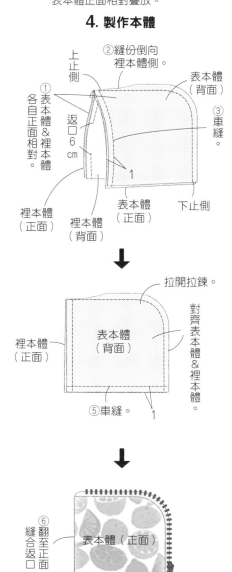

①各自正面相對。表本體&裡本體

上止側

②縫份倒向裡本體側。

表本體（背面）

返口6cm

③車縫。

裡本體（正面）

裡本體（背面）

表本體（正面）

下止側

1

拉開拉鍊。

裡本體（正面）

表本體（背面）

對齊表本體&裡本體。

⑤車縫。

1

⑥翻至正面，縫合返口。

表本體（正面）

2. 製作卡夾

卡夾（正面）

②摺疊。

卡夾（正面）

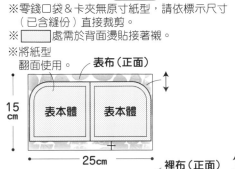

卡夾（正面）

7.7
4 谷摺
5 山摺
4 谷摺
5 山摺
4 谷摺
6 山摺

①作記號。

④將右側角剪成圓角，對齊本體紙型，

③暫時車縫固定。

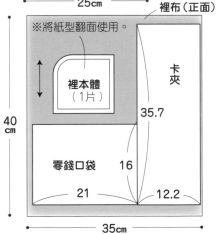

卡夾（正面）

0.5 0.5

卡夾（正面）

3. 接縫拉鍊

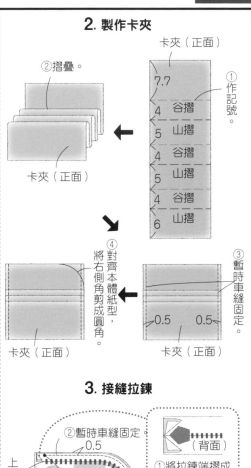

②暫時車縫固定
0.5

上止側

拉鍊（背面）

拉鍊止縫點

表本體（正面）

下止側

（背面）

①將拉鍊端摺成三角形，黏貼固定。

※另一側也縫上拉鍊。

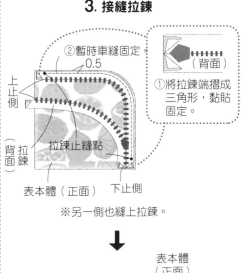

表本體（正面）

④車縫。

0.7

③與裡本體正面相對。

裡本體（背面）

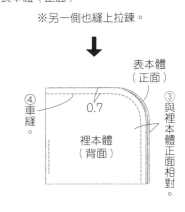

裁布圖

※零錢口袋&卡夾無原寸紙型，請依標示尺寸（已含縫份）直接裁剪。
※ ▭ 處需於背面燙貼接著襯。
※將紙型翻面使用。

表布（正面）

15cm

表本體　表本體

25cm

裡布（正面）

※將紙型翻面使用。

40cm

裡本體（1片）

卡夾

35.7

零錢口袋

16

21 12.2

35cm

1. 製作零錢口袋

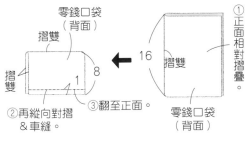

零錢口袋（背面）

摺雙

摺雙

摺雙

1 8

②再縱向對摺&車縫。

16

摺雙

①正面相對摺疊。

③翻至正面。

零錢口袋（背面）

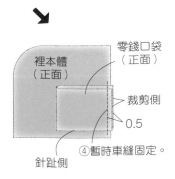

裡本體（正面）

零錢口袋（正面）

裁剪側

0.5

④暫時車縫固定。

針趾側

完成尺寸	材料
寬45×長45cm（僅本體）	表布（棉布）100cm×50cm／裡布（棉布）50cm×50cm
原寸紙型	配布（棉布）5cm×15至30cm 2至3片
D面	25號繡線（茶色・橘色・紫色・黃色・銀色・粉紅色）適量
	填充棉 適量

P.52_ NO. 54
小老虎包袱巾

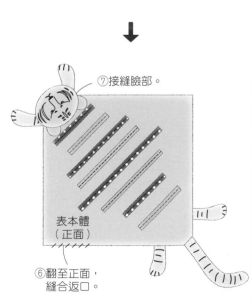

③暫時車縫固定手部。

6　0.5
6

手（裡側）

尾巴（裡側）
腳（裡側）

9.5

腳（裡側）

9.5

④暫時車縫固定腳＆尾巴。

表本體（正面）

↓

表本體（正面）

1

⑤車縫。

裡本體（背面）

在尾巴接縫處，取三角形位置車縫固定。

返口
10cm

2.5
2.5

↓

⑦接縫臉部。

表本體（正面）

⑥翻至正面，縫合返口。

---

2. 製作手・腳・尾巴

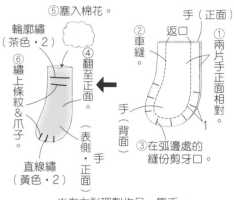

⑤塞入棉花。

輪廓繡（茶色・2）

⑥繡上條紋＆爪子。

直線繡（黃色・2）

④翻至正面。

（表側・手）

手（正面）

②車縫。

返口

①兩片手正面相對。

手（背面）

③在弧邊處的縫份剪牙口。

※左右對稱製作另一隻手。
※腳的作法亦同。

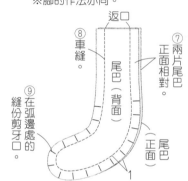

⑧車縫。

返口

⑨在弧邊處的縫份剪牙口。

尾巴（背面）

⑦兩片尾巴正面相對。

尾巴正面

1

↓

⑪塞入棉花。

⑫不規則地繡上條紋。

輪廓繡（茶色・2）

（表側・尾巴・正面）

⑩翻至正面。

3. 製作本體

①以手將配布撕成寬1.5cm長12至30cm。

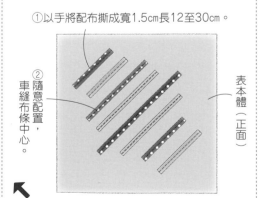

②隨意配置，車縫布條中心。

表本體（正面）

裁布圖

※表・裡本體無原寸紙型，請依標示尺寸（已含縫份）直接裁剪。

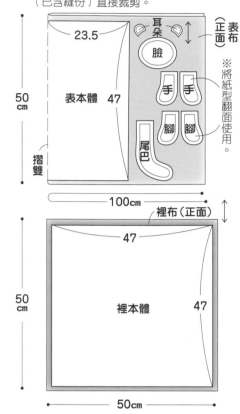

耳朵
臉
表布（正面）
※將紙型翻面使用。

23.5

表本體　47

50cm

摺雙

手　手
腳　腳
尾巴

100cm

裡布（正面）

47

50cm

裡本體　47

50cm

※此作品一律使用25號繡線。
（顏色・股數）
緞面繡 參見P.44
輪廓繡 參見P.45
直線繡 參見P.97

1. 製作頭部

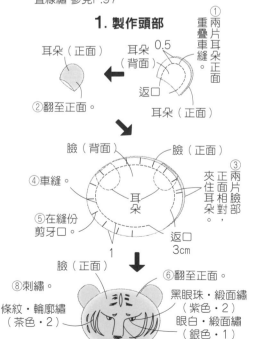

耳朵（正面）

耳朵（背面）　0.5

①兩片耳朵正面重疊車縫。

返口

②翻至正面。

耳朵（正面）

臉（背面）　臉（正面）

④車縫。

耳朵

③兩片臉部正面相對，夾住耳朵。

⑤在縫份剪牙口。

返口
3cm

1

臉（正面）

⑧刺繡。

條紋・輪廓繡（茶色・2）

鼻頭・緞面繡（粉紅色・2）

嘴巴・直線繡（粉紅色、茶色・1）

⑥翻至正面。

黑眼珠・緞面繡（紫色・2）

眼白・緞面繡（銀色・1）

鼻子・輪廓繡（橘色・2）

⑦塞入棉花，縫合返口。

完成尺寸	材料	
寬34×長34cm	**表布**（厚木棉布）40cm×80cm	

完成尺寸

寬34×長34cm

原寸紙型

B面（原寸刺繡圖案）

材料

表布（厚木棉布）40cm×80cm

裡布（棉布）40cm×80cm

提把（長46cm）1組

tapestry wool羊毛繡線 水藍色

P.50_ NO.50
皮革提把托特包

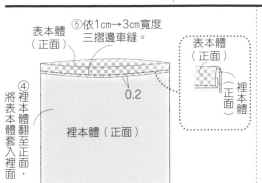

⑤依1cm→3cm寬度三摺邊車縫。

表本體（正面）

表本體（正面）

0.2

裡本體（正面）

④將裡本體翻至正面，將表本體套入裡面。

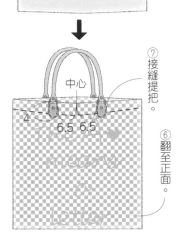

⑦接縫提把。

中心

4　6.5　6.5

⑥翻至正面。

【十字繡圖案】

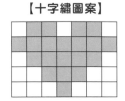

2. 製作本體

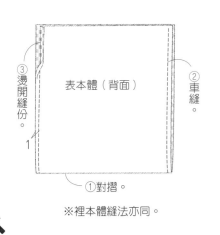

③燙開縫份。

表本體（背面）

②車縫。

1

①對摺。

※裡本體縫法亦同。

（裁布圖）

※標示的尺寸已含縫份。

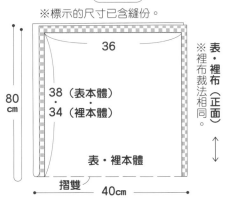

36

80cm

38（表本體）·34（裡本體）

表·裡本體

摺雙　40cm

※表·裡布裁法相同。

表·裡布（正面）

1. 刺繡

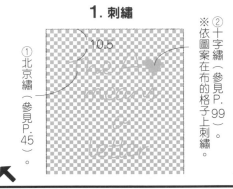

10.5

①北京繡（參見P.45）。

※②依圖案在布的格子上刺繡。

②十字繡（參見P.99）

完成尺寸	材料	
寬31.5×長11.5×側身5cm	**表布**（棉麻平織布）40cm×55cm	
	鈕釦 寬1.2cm 2顆	

完成尺寸

寬31.5×長11.5×側身5cm

原寸紙型

無

材料

表布（棉麻平織布）40cm×55cm

鈕釦 寬1.2cm 2顆

P.58_ NO.63
面紙套

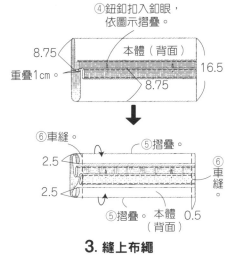

④鈕釦扣入釦眼，依圖示摺疊。

8.75

重疊1cm。

本體（背面）

16.5

8.75

⑥車縫。

⑤摺疊。

2.5

2.5

⑤摺疊。本體（背面）0.5

⑥車縫。

3. 縫上布繩

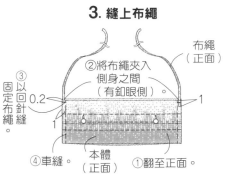

布繩（正面）

②將布繩夾入側身之間（有釦眼側）

③以回針縫固定布繩。

0.2

1

④車縫。本體（正面）

①翻至正面。

2. 製作本體

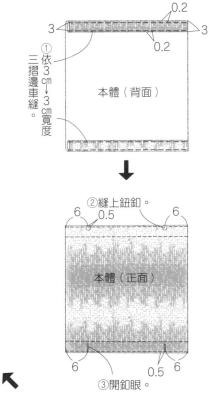

0.2

3　3

0.2

①依3cm→3cm寬度三摺邊車縫。

本體（背面）

②縫上鈕釦。

6　0.5

6

本體（正面）

6　0.5　6

③開釦眼。

（裁布圖）

※標示的尺寸已含縫份。

表布（正面）

布繩

32.5

55cm

46

表本體

52

3　3

40cm

1.製作布繩

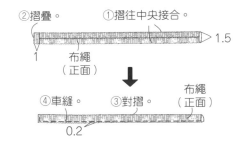

②摺疊。

①摺往中央接合。

1.5

1

布繩（正面）

④車縫。

③對摺。

布繩（正面）

0.2

109

完成尺寸	材料
胸圍 124 cm	表布（棉麻平織布）110cm×320cm
總長 96 cm	配布（羅紋布）60cm×30cm
原寸紙型	接著襯（薄）80cm×20cm
B面	

羅紋袖口罩衫式圍裙

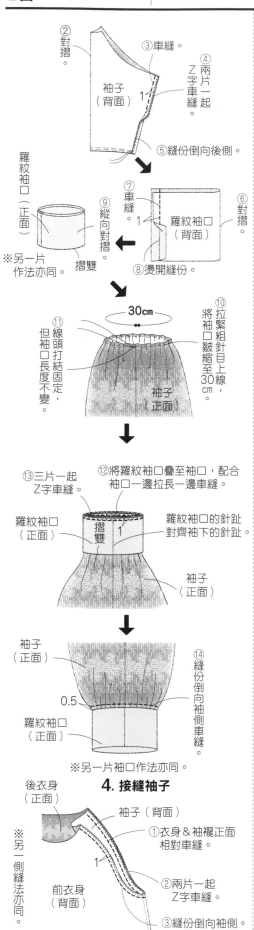

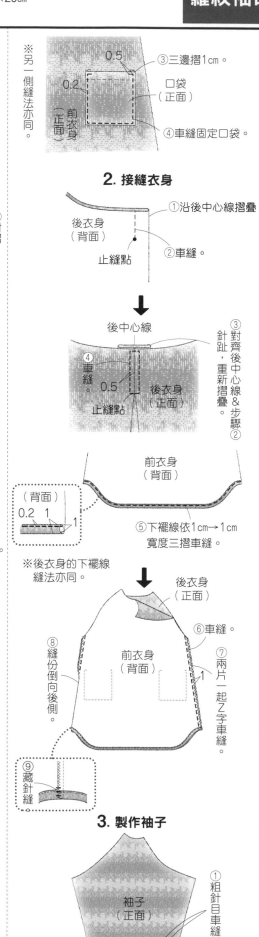

裁布圖

※口袋＆袖口羅紋無原寸紙型，請依標示尺寸（已含縫份）直接裁剪。
※▨▨▨ 需於背面燙貼接著襯。

表布（正面）

前貼邊
袖子 ※將紙型翻面使用。
袖子
後貼邊

※裁開後依圖示摺疊。

前衣身

摺雙

口袋 21.5
18.5

後衣身

320 cm

110cm

配布（正面）

24
19 羅紋袖口

摺雙

30 cm

60cm

※袋＆袖口羅紋無原寸紙型

1. 製作口袋

②依1cm→1.5cm寬度三摺邊車縫。

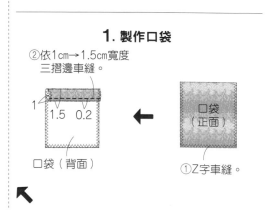

1
1.5 0.2

口袋（正面）

口袋（背面）

①Z字車縫。

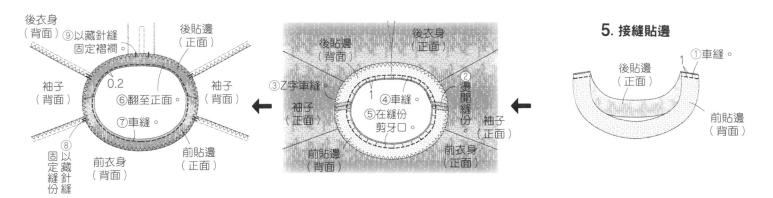

後衣身（背面）⑨以藏針縫固定褶襉。
後貼邊（正面）
0.2
⑥翻至正面。
⑦車縫。
袖子（背面）
袖子（背面）
⑧以藏針縫固定縫份
前衣身（背面）
前貼邊（正面）

後貼邊（背面）
後衣身（正面）
③Z字車縫。
②燙開縫份。
④車縫。
⑤在縫份剪牙口
1
袖子（正面）
袖子（正面）
前貼邊（背面）
前衣身（正面）

5. 接縫貼邊
①車縫。
後貼邊（正面）
前貼邊（背面）

完成尺寸	材料	P.57_ NO.59
寬12×長9cm	表布（牛津布）20cm×25cm／裡布（棉布）20cm×25cm	輕便錢包
原寸紙型	金屬拉鍊 10cm 1條	
無	D型環 1.2cm 1個／伸縮鑰匙圈 1個	
	彈簧壓釦 10mm 1組	

③翻至背面，摺疊後本體的上方。
1.5
裡後本體（正面）
裡前本體（正面）
1
1
④車縫兩脇邊。

1
1
包邊布（背面）
裡前本體（正面）
1
1
⑤摺疊兩端。
⑥車縫。
包邊布（背面）

⑧車縫。
裡後本體（正面）
⑦包捲縫份。
包邊布（正面）
0.2
1

⑨翻至正面。
表前本體（正面）
⑩將手拿帶扣接D型環。

彈簧壓釦（凸·公釦）
手拿帶（正面）
彈簧壓釦（凹·母釦）
0.5
1.5
⑦安裝彈簧壓釦。

2. 接縫拉鍊
拉鍊尾片（背面）
1
2.5
①摺疊。
③車縫。
0.2
14
②對摺包夾。

拉鍊（正面）
上止側
對齊中心。
④表·裡後本體正面相對，夾入拉鍊。
0.7
⑤車縫。
表後本體（背面）
裡後本體（正面）

⑦表·裡前本體也同樣縫上拉鍊。
裡後本體（背面）
表後本體（正面）
⑥翻至正面車縫。
0.2
0.2
1
裡前本體（正面）
表前本體（背面）
⑧暫時車縫固定吊耳。

3. 組裝本體
①前·後本體各自正面相對。
裡後本體（正面）
拉開拉鍊。
表後本體（背面）
②各自車縫底部。
裡前本體（背面）
表前本體（背面）
1

裁布圖
※標示的尺寸已含縫份。

表布（正面）
表後本體
5
12.2
14
手拿帶
23
25cm
表前本體
8.2
6
2.5
2.5
4
吊耳
4
拉鍊尾片
20cm

裡布（正面）
裡後本體
12.2
11
14
包邊布
25cm
裡前本體
8.2
4
包邊布
11
20cm

1. 製作吊耳＆手拿帶
②暫時車縫固定，穿過D型環
吊耳（正面）
0.2
0.5
0.2
1
①摺四摺車縫。

0.2
③摺四摺車縫。
手拿帶（正面）
1.25
0.2

④兩端依1cm→1cm寬度三摺車縫。
伸縮鑰匙圈
手拿帶（正面）
0.2
⑤車縫。
⑥穿入伸縮鑰匙圈。

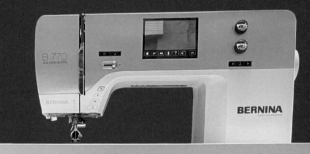

斉藤謠子&Quilt Party最新力作
與職人們一起開心玩拼布吧！

本書收錄日本拼布名師斉藤謠子與Quilt Party
豐富日常生活的精選創作30選：
外形大方的時尚拼布包，造型可愛的圖案波奇包，運用色彩變化，
初學者亦可輕鬆製作的小壁飾，居家經常使用的各式物品等，
書中為您介紹的都是無論尺寸或款式設計，都很容易上手製作完成的作品，
以貼布縫技法搭配刺繡、小布片拼接等，即可為拼布增添更多新奇的創意。
本書內頁以精美的全彩印刷，
內附紙型＆詳細的基礎技法、製作方法、必備工具介紹等，
「作拼布」是會讓人開心＆能夠沉浸在自我空間的美好事情，
準備好針線，與斉藤謠子&Quilt Party一起發揮玩心，
大展拼布手作力吧！

內附
紙型

斉藤謠子&Quilt Party
享玩拼布！職人們的開心裁縫創作選
斉藤謠子&Quilt Party ◎著
平裝96頁／21cm×26cm／彩色＋單色
定價520元

SEE YOU NEXT EDITION!

雅書堂　　　搜尋
www.elegantbooks.com.tw

Cotton friend 手作誌
Winter Edition
2021-2022 vol.55

手作人的冬日選材：
甜美花樣 × 溫暖手感，分享歡慶季節的無限樂趣

授權	BOUTIQUE-SHA
譯者	周欣芃・瞿中蓮
社長	詹慶和
執行編輯	陳姿伶
編輯	蔡毓玲・劉蕙寧・黃璟安
美術編輯	陳麗娜・周盈汝・韓欣恬
內頁排版	陳麗娜・造極彩色印刷
出版者	雅書堂文化事業有限公司
發行者	雅書堂文化事業有限公司
郵政劃撥帳號	18225950
郵政劃撥戶名	雅書堂文化事業有限公司
地址	新北市板橋區板新路 206 號 3 樓
網址	www.elegantbooks.com.tw
電子郵件	elegant.books@msa.hinet.net
電話	(02)8952-4078
傳真	(02)8952-4084

2022 年 1 月初版一刷　定價／ 420 元

COTTON FRIEND (2021-2022 Winter issue)
Copyright © BOUTIQUE-SHA 2021 Printed in Japan
All rights reserved.
Original Japanese edition published in Japan by BOUTIQUE-SHA.
Chinese (in complex character) translation rights arranged with
BOUTIQUE-SHA
through KEIO CULTURAL ENTERPRISE CO., LTD.

經銷／易可數位行銷股份有限公司
地址／新北市新店區寶橋路 235 巷 6 弄 3 號 5 樓
電話／ (02)8911-0825
傳真／ (02)8911-0801

國家圖書館出版品預行編目 (CIP) 資料

手作人的冬日選材：甜美花樣 x 溫暖手感，分享歡慶季節的
無限樂趣 /BOUTIQUE-SHA 授權；周欣芃，瞿中蓮譯 .
-- 初版 .-- 新北市：雅書堂文化事業有限公司，2022.01
　面；　公分 . -- (Cotton friend 手作誌；55)
ISBN 978-986-302-614-3(平裝)

1.CST: 縫紉 2.CST: 手工藝

426.3　　　　　　　　　　　　　　　　110021997

STAFF	日文原書製作團隊
編輯長	根本さやか
編輯	渡辺千帆里　川島順子　濱口亜沙子
編輯協力	浅沼かおり　日比野彩夏
攝影	回里純子　腰塚良彦　藤田律子　白井由香里
造型	西森 萌
妝髮	タニ ジュンコ
視覺＆排版	みうらしゅう子　牧 陽子　松木真由美
繪圖	爲季法子　三島恵子
	星野喜久代　並木 愛　中村有里
紙型製作	山科文子
校對	澤井清絵